20 Thinking Tools

Collaborative Inquiry for the Classroom

20个儿童思考工具

[澳] 菲利普·卡姆(Philip Cam) 著

冷 璐 译

中国轻工业出版社

图书在版编目（CIP）数据

20个儿童思考工具 /（澳）菲利普·卡姆（Philip Cam）著；冷璐译. —北京：中国轻工业出版社，2021.4（2025.7重印）

书名原文：20 Thinking Tools: Collaborative Inquiry for the Classroom

ISBN 978-7-5184-3381-0

Ⅰ.①2… Ⅱ.①菲…②冷… Ⅲ.①思维方法-教学研究-中小学 Ⅳ.①G635.5

中国版本图书馆CIP数据核字（2021）第022196号

版权声明

20 Thinking Tools: Collaborative Inquiry for the Classroom by Philip Cam.

Copyright © 2006 Philip Cam.

Translated by permission of The Australian Council for Educational Research Ltd (ABN: 19 004 398 145).

Simplified Chinese edition copyright © 2021 China Light Industry Press Ltd.

All rights reserved.

责任编辑：王慧超　　　责任终审：腾炎福
策划编辑：孔胜楠　　　责任校对：吴维斌　　　责任监印：刘志颖

出版发行：中国轻工业出版社（北京鲁谷东街5号，邮编：100040）
印　　刷：三河市鑫金马印装有限公司
经　　销：各地新华书店
版　　次：2025年7月第1版第6次印刷
开　　本：880×1230　1/32　印张：6
字　　数：70千字
书　　号：ISBN 978-7-5184-3381-0　定价：48.00元
读者热线：010-65181109
发行电话：010-85119832　　010-85119912
网　　址：http://www.chlip.com.cn　　http://www.wqedu.com
电子信箱：1012305542@qq.com
版权所有　侵权必究
如发现图书残缺请拨打读者热线联系调换

252125Y1C106ZYW

译 者 序

推特（Twitter）上有这样一句话，点赞数达 11.1 万次，它是这么说的：

> 最近我渐渐把"这件事为什么要发生在我身上？"的想法替换成了"这件事想要教会我什么"，然后，我发现，身边的一切都改变了。

当把提出问题的角度从聚焦于"我"转到关注"事"上，把态度从"悲观的情绪发泄"转换到"自我的修正提升"上,该推主不仅得到了更加有意义的答案,也领悟到了转变思考角度和改变思维方式的价值。诚然,思维方式和思考能力已经越来越成为决定人与人之间差距和未来发展潜力的核心要素。

然而,在当下的学校教育和家庭教育中,我们还是可以发现很多教师和家长依然没有意识到思考能力的价值,没有认识到培养孩子思考能力的重要性和紧迫性。

曾多少次,我们看到,孩子在做课堂练习或进行考试复习时,直奔问题的答案以确认自己的思路是否正确。他们总以为掌握了问题的正确答案,便拥有了安全感和舒适感,却未去探究答案背后的逻辑和证据,甚至不曾想有些问题压根没有一个确定的答案。是孩子没有习得思考能力,是教师和家长没能够培养出他们的思考能力,还是随着成长,孩子丧失了思考的勇气或习惯?

在如今的后真相时代,孩子身边充斥着各种信息,事实真相经常被极易煽动的情感遮蔽,教会孩子独立思考,拥有明辨是非、探求真理的能力显得尤为重要。因为只有这样,孩子才能打破框架思考,走出思维舒适区,想象各种可能性。

本书作者菲利普·卡姆(Philip Cam)博士便为大家提供了一套实用而有效的思考工具,可以解决上述问题。这套工具分为初级、中级和高级三类。其中，初级工具适用于小学低年级孩子，包含问题象限、建议、理由、赞同与反对、举例、做出区分、临界案例、目标靶、思想实验和拇指法等 10 种工具；中级工具适合小学中年级孩子学习，涵盖议题、反例、标准、概括和讨论地图等 5 种工具；高级工具的使用要求孩子具有一定的抽象推理能力，尤其适用于中学阶段的孩子，包括事实、价值与概念，演绎推理，推理图，假设和分歧图等 5 种工具。

学习这些工具后，孩子在分析问题时便有能力去探求：

- 一个陈述的论题和结论是什么；
- 一个观点的理由是什么；
- 问题中的哪些地方不明确；
- 什么是描述性判断和评价性判断；
- 推理过程中有没有谬误；
- 证据的效力如何；
- 有没有其他原因；
- 数据有没有欺骗性；
- 是否有什么重要信息被省略或忽略了；
- 能得出哪些合理的结论；
- ……

除了分析问题，学会提出问题也是一个优秀的思考者必备的能力，不妨先来看一下爱因斯坦的例子。

爱因斯坦曾说："如果我有一小时去解开一个性命攸关的困局，我会用其中 55 分钟的时间去确定应该提出什么样的问题。"他几乎利用所有的业余时间去思考物理问题。多年以后，当人们问他为何能在 1905 年提出那么多改变人类对世界认识的理论时，他谦虚地回答道："并不是我很聪明，我只是和问题相处得比较久一点而已。"除了对物理有种天然独特的直观感觉外，更重要的是，爱因斯坦可以清楚地判断出什么问题重要、什么问题有深刻的意义而值得终生探索。

这种提出优质问题的能力也是本书关注的重点。在"实践开端"部分，作者花费大量篇幅探讨了如何引出问题、探究问题并给予论证。

最后，感谢我的研究生刘巧丽对译稿所做的编辑、校对工作。正如苏格拉底所说："未经审视的人生是不值得过的。"相信阅读过、学习过、使用过本书的读者都将过一种更有思考力、更内省、更富有智慧的人生。

冷璐

2020 年 12 月

目 录

说　明　/ 1

导　言　/ 3

理论背景　/ 13

实践开端　/ 21

探究工具　/ 47

第一部分　初级工具　/ 51

问题象限　/ 52

建议　/ 60

理由　/ 65

赞同与反对　/ 72

举例　/ 75

做出区分 /78

临界案例 /81

目标靶 /87

思想实验 /93

拇指法 /98

第二部分　中级工具 /105

议题 /106

反例 /112

标准 /117

概括 /128

讨论地图 /132

第三部分　高级工具 /139

事实、价值与概念 /140

演绎推理 /149

推理图 /162

假设 /167

分歧图 /173

参考文献 /179

说　明

　　本书中所提到的思考工具将分为初级、中级和高级三类。重要的是，在每次进入下一阶段前，要确保你的学生能熟练掌握更多的基本工具。从总体上看，学生的进步程度因他们的受教育阶段而异，年龄较大的学生能够更快地步入学习中级和高级工具阶段。学生的进步程度还取决于他们学习使用这些工具时所付出的时间和精力，以及他们对所学思考工具的重视程度。尽管不同的教育阶段有不同的思考工具，但任何年龄阶段的学生都需要按照顺序去学习初级、中级和高级工具。教师也应该注意，大部分思考工具既可做简单操作，也可做复杂处理。

初级工具

初级工具适用于任何年龄和基础水平的学生，对处于小学低年级阶段的学生尤为适用。

中级工具

一旦学生已经学会使用初级工具，他们就可以学习中级工具了。中级工具尤其适合小学中年级学生学习。

高级工具

高级工具要求学生具有一定的复杂的逻辑或抽象推理能力。高级工具尤其适用于中学生，但也可供小学高年级学力优秀的学生使用。

导　言

　　假设有学生即将毕业,但仍然不会数数,可以想象一下这些学生会发出怎样的怒吼。再想象一下最终他们都或多或少地变成了文盲,这个社会将会变得多么恐怖。相比之下,学生毕业时确实基本上已经变成了"非苏格拉底式"(insocratic)的人,并且这个过程悄无声息,并没有人意识到这一点。鉴于目前还没有人使用"非苏格拉底式"这样的词,出现这样的情况,一点也不让人惊讶。然而,我所说的,其实都是十分基础的,需要人们特别关注。

　　我说的"非苏格拉底式"这个词源于"苏格拉

底"。苏格拉底喜欢让所有年龄段的人都参与到对话中，旨在调动他们自己去思考人生中最重要的事情。他认为，未经审视的人生是不值得过的，他和他的朋友所参与的开放式探究是最好的生活方式。在创造"非苏格拉底式"这个词时，我并不是说要让学生在上课时进行苏格拉底式对话。若仔细审视苏格拉底的实践，你可能并不能完全认同他的方法，甚至还会怀疑他所寻求的那种知识是否对美好的生活至关重要。然而，毫无疑问的是，思考人生中所遇到的问题的能力、探索人生可能性的能力、欣赏他人观点的能力、批判地看待我们所读所听的能力、做出适当区分和必要联系的能力以及做出合理判断的能力，是每个能够在生活中有效思考的人的特质。没有以这些方式充分自主思考的人在一定程度上就是非苏格拉底式的人。我认为，我们的教育体系几乎没有教会我们认真地独立思考。

教师想努力地教会学生进行数学推理和流利阅读的能力，虽然教授这些知识是学校教育的永恒追求，但是他们的口号永远比做的要好。教师努力教授学生去理解不同的学科内容，这些学科构成了学校课程设置的基础——尽管这样的教学大都依赖死记硬背和一些常规教学手段。然而，事实上，他们都不重视教会学生在学校之外的生活中好好思考的能力，比如，在日常社交、家庭和其他生活情境中。在这些生活情境中，他们经常需要去做决定，然后采取行动。我们有"恢复阅读"（Reading Recovery）项目，但却没有"恢复思考"（Thinking Recovery）项目去挽救那些"非苏格拉底式"的学生。我们平常在课程中对思考能力的关注最多只是知识内容的扩展，而且大部分内容对以后的生活毫无帮助。

这就是社会和个人悲剧的根源。个人、家庭、组织、社区以及社会的其他组织常常要承担因决策不周、推理错误、判断偏颇、举止不适、思想狭隘、价值观未经审视、生活不够充实导致的后果。

如果人们能够更好地提出适当的问题、阐明问题、想象人生的可能性、看清事物的发展方向、评估其他选择的可能性，善于与人交流、拥有合作思维，那么我们所有人都会变得更好。

全面提升这些能力并不是万灵药，并不能解决生活中的所有问题，但毫无疑问的是，这可能是我们在解决人生和社会问题时可以考虑的最重要的教育举措之一。以医疗来类比：没有一个发达的社会愿意忍受地方性疾病不受控制地发生，但是，我们却在承受全社会范围内思想贫瘠的后果。是时候该做些什么了。

本书旨在帮助教师开始改善这种情况，切实帮助学生提高他们思考各种问题和事情的能力。

如果教师可以通过课堂讨论及小组活动的形式将这些工具

介绍给学生，并能经常让他们使用，那么这些工具必定会在他们的一生中起到作用。

你和你的学生可能或多或少都熟悉我所提到的这些工具。但没学习过、凭直觉使用这些工具是一回事，能够明确且熟练地了解这些工具，知道它们的使用目的以及如何有效地使用它们是另一回事。比如，在学生成长的过程中，能够按照教师的要求，给出一些事情的合理理由是远远不够的。他们需要养成在需要时给出和寻找理由的习惯。他们在这样做的时候需要知道自己这样做的目的，而且要越来越熟练、越来越有技巧地去这样做。

在我所建议的那种课堂活动中，你会发现，很多情况下，学生会凭直觉思考，或者是你要求学生去思考。当学生思考时，对这些思考活动进行强调、要求并且明确地强化它们的使用是课堂活动中的一个重要组成部分。除此之外，我发现，一个快速提升的方式是，组织学生开展一些活动，明确地介绍和强化应用这些工具以促进他们的思考。本书也提供了一些供教师使用的此类资源。

工具箱介绍

教我们的学生学会思考，越早开始越好。如果想要在他们的成长中真正地形成影响，就应该尽早开始。教师可以调整本书中包含的大部分活动，以适应任何年龄段的学生。无论年龄大小，学生一开始所拥有的工具箱都是空的，要在他们的努力和教师的支持下，才会逐渐形成一套思考工具。总体来讲，这些工具一共被分成三组：初级工具、中级工具和高级工具。初级工具绝对是基础性的，需要首先习得并不断强化，直到它们成为思维过程的一部分。当你觉得学生已经准备好去学习如何使用中级工具时，就可以开始引入。高级工具对学生的智力要求更高，很多未上中学的学生可能会发现这些工具超出了他们的理解能力范围。

后面的表格分别列出了这三种工具箱中的工具。任何基础讨论都会用到初级工具箱中的大部分工具。如果没有问题，讨论很难推进。尽管在一入学时，教师可能就向学生介绍过问题，但最好是尽快转向学生自己的问题，然后你就会发现，"问题象限"（The Question Quadrant）工具对于提高学生提出的问题质量大有裨益。同样，要是没有学生的"建议"（Suggestions），你就很难开展探究活动，而且，除非学生通过给出和接受"理由"（Reasons）进行"赞同与反对"（Agreement/Disagreement）探索，否则这种探究毫无意义。这些就是进行讨论时将使用到的工具。学生在讨论过程中也会很自然地进行"举例"（Examples）并"做出区分"（Distinctions）。然而，重要的是，教师要将学生在讨论中碰巧做出的举例和区分与教会学生如何进行举例或区分的技巧区别开。学生只有学会使用这些思考工具，才能完成那些需要深思熟虑的智力活动。因此，教师可能需要在几个探究活动中都要特别强调学习如何做出区分，并提供做出区分的练习，这样学生才能相当熟练地掌握这一工具的基础使用方法。同样，对于"思想实验"（Thought Experiments）、"临界案例"（Borderline Cases）和"目标靶"（Target）等工具的使用也可依次引入。我建议老师们尽早引入我称之为"拇指法"（Thumbs）的反思工具，因为它为学生提供了复习他们所学并思考如何改进的机会。

一旦开始使用学生的问题作为讨论的基础，你很快就会发现带着"议题"（Agendas）去进行讨论的好处。我也建议老师们在一开始向学生介绍中级工具时，就充分利用"讨论地图"（Discussion Maps），以便了解越来越复杂的讨论进展。"反例"（Counterexamples）、"标准"（Criteria）以及"概括"（Generalisation）等工具也可依次介绍给学生，它们的使用也对"讨论地图"工具提出了要求。

"事实、价值与概念"（Fact, Value, Concept）是一个学生

可用于分析问题和揭示进一步问题的高级工具，这对于他们达成探究目的可能是必要的。形式"演绎推理"（Deductive Reasoning）和各种图的引入可以帮助学生组织和追踪讨论内容，以此形成一套本书所提到的完整的高级思考工具。在介绍各种图时，教师应该从"推理图"（Reasoning Diagrams）开始，只有当学生理解了这个基础工具后，才能向"假设"（Assumptions）和"分歧图"（Disagreement Diagrams）推进。

初级工具	中级工具	高级工具
问题象限	议题	事实、价值与概念
建议	反例	演绎推理
理由	标准	推理图
赞同与反对	概括	假设
举例	讨论地图	分歧图
做出区分		
临界案列		
目标靶		
思想实验		
拇指法		

关于这些工具的引入，我首先给大家三条总的建议：

- **讨论无可取代**。虽然许多工具可以通过练习和特别设计的活动介绍给学生，但不要以为学生不经过讨论也能学会使用这些工具。互动的课堂讨论和小组活动才应该是学生学会使用这些工具的主要方式。在此，我反对一种普遍的想法，那就是不用丰富的教学内容，不用学生参与到真正的探究中，教师靠自己也能有效地传授给学生思考的技巧。我坚持反对这样做的原因将在接下来的"理论背景"中做详细的说明，在这里，我只想说，只有使用讨论的方式，才能让这些思考工具最好地融入到学生习惯应用的思维方式里。

- **保持平衡状态**。任何成功的讨论都离不开学生凭直觉去尝试做出的各种思考，这为你提供了机会，你可以借此让学生注意到这些工具，并教给他们该如何合理使用这些工具。但是要注意，不要给学生带来过重的认知负担，这样会干扰他们巩固学习成果的过程以及他们在讨论中获得的乐趣。你既要让讨论继续，又要将学生的注意力转移到思考的步骤上，你需要在两者之间做出平衡。不要向学生介绍新的思考工具，除非他们已经基本掌握了之前学过的工具，并且已经习惯使用它们。在学习各种思考工具阶段，教师需要定期进行督促检查，但随着工具的使用成为学生讨论的常规部分，这种督促可以慢慢减少。如果你试图过快地向学生介绍太多思考工具，则会因为干预而给学生的讨论增添过多的负担。

- **让思考工具可见**。要确保让这些工具尽可能地具体、可视化。尤其是对于年龄较小的学生来说，我建议教师可以引入工具箱，并且要求学生将它想象出来。当他们学习使用第一个工具时，让他们想象着把它放进他们的工具箱里，然后当他们需要时再想象着把它拿出来。你甚至可以建立一个思考工具箱（Thinking Tools Box）作为教学辅助工具，并在其中保留一些工具。你应该鼓励学生说出他们使用的工具的名称，并把他们正在学习使用的工具的名称在教室里贴出来。有一个办法对于他们学习思考工具很有用，那就是展示学生的成果，这样他们就能很容易地确定他们自己是否成功地学会使用这些工具了。

理论背景

本书沿袭了约翰·杜威（John Dewey，1966，1997）和马修·李普曼（Matthew Lipman，2003）的观点，强调学会思考在学校教育中的中心地位。这两位教育哲学家的思想都属于我们可以称之为反思性教育传统，在这种教育传统中，学会思考是教育目标与实践的核心。此外，两位哲学家都把思维看作一个探究的过程。

杜威的探究模式在很大程度上归功于实验科学中的思维模式，尽管他将其应用于对价值和事实的探究中。事实上，杜威特别注重培养在价值观方面的探究能力，他认为，在关于价值观的思考和争论中，科学中成功的思维模式有很多可供我们借鉴的地方。

李普曼的探究模式则更多地借鉴了哲学。哲学是一门非常注重良好思维方式及其改进的学科。李普曼强调概念探索和逻辑推理，这是哲学思维的核心，而对科学探究的支柱——实验测试的关注则较少。

然而，我并没有过分关注杜威和李普曼之间的这些差异，而是在探究过程的基础上进行了概括，以便将他们理论的差异最小化。在这个过程中，我的目标是构建一个工具箱，涵盖我们在日常生活中进行有效思考所需要掌握的最重要的那些思考步骤。

杜威和李普曼也强调团体（community）的概念。杜威对团体有一个特殊的概念，且与民主联系在一起。杜威的民主思想并不是以代议制政府为核心的，而是以人们在日常生活中相互联系的方式，以及他们之间巩固关系的各种活动为核心的。简而言之，它以团体生活的理念为核心。对杜威来说，民主是一种生活方式，其特点就是它所在的利益范围的包容性，以及团体里人与人之间、小组与小组之间自由合作、相互作用的最大化。适当考虑每个人的利益，不把一部分人的利益凌驾于另一部分人的利益之上的关系和安排，在某种程度上是民主的；

就像允许个人或小组之间完全自由地相互交往，没有排斥或强迫，这也是民主的。

根据杜威的观点，有利于民主并有助于其发展的教育方案应该能促进这样的团体生活的形成。无论我们对公民教育等话题的重视程度有多高，如果学校教育制度、个人学习和课堂实践、学校人际关系是排他的、歧视的、等级的、威权的、拉帮结派的，那么这个民主公民制度的发展就会受到损害。

教育和民主生活之间的联系也构成了李普曼将课堂作为一个探究团体的概念基础。在这里，课堂被认为是一个多元化的团体，以对话和合作活动为中心，所有成员都有积极和公平参与的机会。通过讨论和对话，学生学会了积极倾听，分享自己的观点，以彼此的观点为基础，综合考虑各种意见和观点，合理地探讨他们的分歧。李普曼的课堂形成了一个包容的合作团体，交流和探究在里面播下了民主的种子。

团体探究的概念是本书所倡导的课堂实践的指导思想。接下来的"实践开端"将简要介绍合作性课堂探究的一般做法和程序。整本书都将强调这些做法和程序。

这种合作性探究模式鼓励社交、相互认可各自的兴趣，杜威认为，这便是一种民主的生活方式。这种交流互动有助于人们社交和智力倾向及其能力的发展，这对于成为积极的社会公民十分必要，同时也可促进个人权力的解放。也就是说，学生在学习以这样的方式一起思考的过程中，既能独立思考，也能参与到社会交流的实践中，这有助于维持一个开放的社会。合作探究和民主紧密联系，不可分离。

一方面，我们培养学生的学习态度、习惯和能力，这些是学生学会独立思考的标志，比如：

- 具有探究性观点，并能清晰地表达问题和难题；
- 积极主动、坚持不懈；
- 具有想象力和大胆思考的能力；
- 养成探索事物其他可能性的习惯；
- 具有批判性地审视问题和想法的能力；
- 具有做出合理独立判断的能力。

另一方面，通过让学生学会共同思考，我们也在培养他们的社会习惯和性格，比如：

- 积极倾听他人并尝试理解他人观点的习惯；
- 养成让自己所说的话有理有据，并期望他人也能这样做的习惯；

- 合理探究分歧的习惯；
- 具有合作精神和建设精神；
- 善于交际，学会包容；
- 习惯于照顾他人的感受和关切。

建立在反思性教育传统之上的个人和社会的互动关联也映射了约翰·杜威对一种更加民主的生活方式的看法。在本书中推荐的教育实践活动的基础上，通过系统地实践，可以取得一系列成果。

本书的理论基础也采用了著名教育心理学家列夫·维果斯基（Lev Vygotsky，1978，1986）著作中的内容。维果斯基告诉我们，一个人的社会和智力发展主要是他的语言的人际交际功能转化为语言思维的过程。维果斯基将之称为"内化过程"（internalisation），也就是人际交往功能和个人心理运用之间的转换。维果斯基认为，这种社交转变和融合是所有所谓的高级认知功能发展中的普遍特征：

儿童文化发展的每一个特征都出现两次：一次是在社会层面，然后是在个体层面；首先是人与人之间（心理之间），其次是在人内部（内在心理）。这同样

> 适用于自觉注意、逻辑记忆和概念的形成。所有的高级心理功能都产生于人与人之间的社会互动。
>
> （Vygotsky，1978，第 57 页）

当谈到发展儿童的思考能力时，维果斯基自然地认为，儿童通过社会实践的内化来进行独立思考。这提供了一种理解团体探究中共同思考和独立思考关系的方法。例如，在合作探究中学习如何向他人提问可以看作通过自我提问来进行反思的前奏。学生通过自我思考理由，学习与他人一起探究问题的理由可以被认为是一种社会脚手架。学会考虑他人的观点——而不仅仅是坚持自己的观点——是开始思考自己原始想法的其他可能性，准备好探索自身思考的多种观点和可能性的基础。由此看来，学习独立思考总的来说就是通过内化过程将开放式合作探究实践转变成个体独立思考的方式。

更为老师们熟悉的，是维果斯基提出的"最近发展区"（zone of proximal development）理论。它指的是学生实际的发展水平和其在成人或能力较强的同伴的帮助指导下所能达到的最高水平之间的区域。最近发展区关注的是学生的潜力，并且教学必须要走在学生发展的前面，好好利用那些在理解消化过程中的社交功能。因此，最近发展区不仅仅是让学生"走出他们的舒适区"的问题。它还需要外在的心理之间的实践活动，让学生能够逐渐内化于心。这就强调了使用工具来进行外在心理或社交训练，这样可以鼓励学生逐渐将其转化为他们自己的思维训练技能。既然最近发展区理论强调要通过智力与社会互动的方式来使学生学会独立思考，以及鼓励教师和其他更有能力的同伴对学生进行帮助和指导，那么团体探究模式就提供了一个丰富的维果斯基式的学习环境。

以上简短的说明是为了传达本书的一些理论背景，本书大多都以实践为主。希望以上内容能引起忙碌的教师们对课堂智力基础的注意。在繁忙的日常教学工作中，教师很容易忽视这个更重要的视角。如果你能多花时间去思考一下这些理论内容，并牢记于心，那么当你将本书中的内容付诸实践时，将会有更多的收获。

实 践 开 端

探究的基本模式

我将要讲到的绝不是一个固定不变的过程。它是一种可以适应不同情况、融入多种视角并能从多方面扩充的探究框架。像大多数现场探究一样,课堂上的实际探究很可能与该基本模式有很多不同之处。不过,对于下面这个模式,你将会越来越熟悉。

探究的基本模式

开始探究	提出建议	概念探索与推理	做出评估	得出结论
问题化的初始情境 →	形成问题，设定议题 →	想法、假设、猜想 →	含义、设想、意思 →	证据、测试、标准 →	结论、解决方案、实施

创造性阶段 | 批判性阶段

引入问题情境

探究始于问题化的情境。在日常生活中，我们总是会遇见这样的情况，那就是有些事出乎意料地往不对的方向发展，或者是会遇见不同寻常的困难或问题，抑或有些奇怪或是令人费解的事情发生，让我们不明所以，难以解释。

在课堂上，有的问题情境是真实的，有的可能是虚构的。它有可能是文学叙事中产生的问题，也有可能来自报纸的报道。无论其来源是什么，重要的是，学生必须认为这种情境是有问题的。他们的好奇心一旦被激发，探究才能真正开始。常规的问题——学生认为有官方的正确答案的问题，以及学生认为只是老师布置的另一个任务的问题——是不能算数的。你需要的是可以引起学生思考的材料。它指的是有助于在学生的头脑中产生真正的问题的材料。它可以是有多个不同解决方案，而不只是只有一个正确答案的问题。它可以是让学生产生各种各样的观点，且这些观点都值得深入探讨的问题。

除非我们面对的是年幼的学生，否则，对教师来说，从我们自己提出的问题开始进行教学通常是不可取的。教师需要创造机会，让学生自己提出问题。有个标准的操作方式就是向学生展示一些材料，以促使他们提出议题或激发他们提出问题，以此作为探究的基础。这类材料通常会把它所包含的任何内容都视为是有问题的，并且需要进一步的理解或解释。它可能会对学生的态度、价值观、信念或观念造成一定的冲击。它可能会提出其他可能性，或者让学生考虑不同的观点。无论是什么情况，这类材料都要是可以鼓励学生提问，激励他们寻求解释，并提出自己的想法和意见的材料。这些材料需要与学生的经验和兴趣充分相关，使他们能够代入个人的理解和感受。优质的儿童文学作品往往具有这样的特点，教师也可从媒体、所在地或学生日常生活中适当选择社会或其他问题加以利用。很显然，为课堂探究而编写的故事和其他材料也符合要求，我在本书"参考文献"的"教学参考书目"部分也精选了部分这种材料。

开始探究

通常在课堂讨论和以讨论为基础的小组活动中进行的合作学习需要适当的安排。小组活动可以让学生坐在课桌前或地板上进行，但如果可以，课堂讨论最好让学生围成一圈来进行。如果学生要学会彼此回应，他们至少要能够面对面地看到对方。让学生坐在他们的课桌前，或者采用小学里大家熟悉的站在老师面前将学生分组的方式，都不是一个好主意。没人会想要因为这些基础而简单的活动环境设置来阻碍你正在做的事情。

现在，你可以去创设一个问题情境了。别忘了，有能力去发现一个问题，把它清晰地表达出来，提出适当的问题，并把问题分离出来，这是培养探究能力必不可少的一部分。因此，无论你选择什么材料——图画书、故事、艺术作品或其他图像、纪录片、报纸文章、当地事件——都可以用来提出问题并促使学生开展讨论。

当然，教师应该对低年级的学生进行较多的指导和帮助。对于刚开始学习表达问题或被要求提出问题的学生，教师可能需要通过提出恰当的问题来激发他们进行探究。例如，如果我要和一些年龄小的学生讨论艾瑞·卡尔（Eric Carle）的《好饿的毛毛虫》(*The Very Hungry Caterpillar*),一开始,我可能会问他们是否认为故事中的蝴蝶和毛毛虫是同一种生物。为了思考我们讨论的这个问题,我们就可能会专注于使用"理由"工具。然后,我们可能会继续思考,当我们长大后,我们是否还是和现在一样的同一个人,或者我们是否会发生很大的变化,变成不同的人。换句话说,我将从故事可能会激发学生好奇心的某一层面出发,然后基于他们的困惑再让他们进行自我思考。

当学生能够自己提出问题后,最好的做法就是让他们进行自我提问。当你第一次这样做的时候,让学生围成一个圈,然后告诉他们,"今天每个人都有机会讨论到你将展示的内容"。告诉学生,当你在讲故事或展示其他刺激物时,要让他们想出一个他们可能会提问的问题。这个问题可以是基于材料提出的问题,可以是他们认为是难题的问题,可以是让他们困惑的问题,也可以是他们不认同的事情,或者是材料中那些促使他们思考并想要讨论的任何话题。告诉学生,你期待听到一些好的、有分量的问题,一些可以激发班里其他同学努力思考的问题或事情。

如果你的学生一开始提出问题比较慢,那么就给他们一点时间;然后将他们提出的问题写在黑板上或一张纸上。把学生的名字写在他们的问题旁边也是个好主意,以备将来参考,并给他们一种主人翁意识。在这个过程中，你要让学生阐明或改进他们的问题，并邀请其他学生帮助那些在提出问题时遇到困难的同学。但是，在这个阶段，不要否定任何学生认真的提问尝试。要有包容性，让学生知道你重视他们的问题。

当学生已经熟悉了这套做法，那么你就要更改一下程序。例如，你可以把全班分成两人一组或三人一组，让每组都讨论一个问题，如果他们有能力把问题写下来，就让他们把问题写在一张纸上。这样可以让所有学生都积极地参与到问题形成的过程中，并提高所提问题的质量。你也可以让学生准备一本反思录，在里面记录一天中发生在他们生活中的问题，然后带到课堂上进行讨论。一旦他们掌握了这些基本技能，你就可以帮助他们提出更具探索性的问题，这一点将在稍后的"问题象限"中进行详细介绍。

当学生熟悉了这些初级工具后，你就可以邀请他们以本书中的"议题"所描述的方式，将他们的问题联系起来。虽然根据你所使用的材料，每个问题都可以以各种方式联系起来，但你会发现，问题大多是与中心话题、概念或深层主题联系在一起的。创造机会让学生找出他们问题之间的联系，这样可以帮助他们把这些问题组织成一个更连贯的议题，并在其中找到自己的探究方向。使用彩色笔或其他编码方式来明确它们之间的联系，然后问学生是否可以想出一个切合主题思想或概念的词或短语，并将其写到黑板上。虽然学生一开始可能会发现这很难做到，但一定要坚持下去，他们很快就能因为练习取得进步。他们很快就能想出问题之间更深层次的联系，他们会发现，有些问题在逻辑上是紧密联系的，比如，在回答一个问题之前，要先回答出与那个问题紧密联系的另一个问题。

整理好问题后，学生就可以开始准备讨论了。在上课时间里，学生肯定已经提出了很多问题，这些问题一节课是讨论不完的，有可能还提出了很多其他值得探究的问题，这些问题足够让学生探讨几节课。只要学生的兴趣还在，那么这些问题都有助于学生学习。你不用每堂课都提出新的问题，下次课你可以让学生复习一下上节课的内容，然后让他们接着上节课的问题开始讨论，或者是进入到那些有待讨论的问题。

讨论可能会有一个明显或自然的起始话题，但学生往往会把问题归类成几个更大的问题或主题——其中任何一个都可以作为起始话题。因此，通常要了解班里学生对不同问题的兴趣，一个简单的方法就是让他们对自己最愿意讨论的问题或主题进行投票。你可能会发现，他们最感兴趣的东西并不是你想象中的那样。

如果你的学生刚刚开始学习如何使一个问题变得适合探究，

你可以先自己选择一个或一组看起来更值得讨论的问题。对没有实质意义的问题进行的讨论注定是索然无趣的。说到这里，有个行之有效的方法，就是简要地提出一两个比较简单的问题，或者是一些可能有不同假设的问题，这类问题可能没有任何答案，因为它们可能根本没有办法去验证。这样能帮助学生区分什么是无解问题、什么才是真正能激发他们讨论的问题。

教师经常会觉得在开始讨论之前，他们需要对所选的主题或问题进行反思，这是十分合理的。而且这也是个不错的想法。除此之外，它还为教师提供了机会来设计一些补充问题，或者开展一些练习或活动，这些练习或活动可能对拓展讨论有益。因此，教师通常都要在一节课上完成上述过程，然后在下节课再继续讨论，这样就有时间做更多的准备了。

提出建议

讨论的第一个目标就是提出想法、假设、猜想或意见——简而言之，我称之为"建议"，也就是对于一些正在讨论的问题或事情，我们所要寻求的可能的答案、解释、解决方法或补救措施。如果我们开始时提出的问题是一个适于探究的问题，那么它就会有回应的各种可能性。关注这些不同的可能性至关重要，因为它们使我们能够继续进行推理、分析和评估，这是做出一个判断或结论所必须经历的过程。

如何进行讨论，在一定程度上取决于讨论的问题是什么。一个标准的做法就是让提问者初步提出他们的问题。可以让他们说明为什么会提这样的问题，如果有必要，可以让他们进一步阐述一下，如果他们有其他想法也可以说出来。到了这里，其他学生应该已经准备好开始回答问题了。由于我们寻求的是对同一个问题的不同看法、观点或可能性，所以在这个阶段让一些学生进行简短的发言很重要。在这个过程中，可以鼓励学生参照彼此的想法，表达他们的意见，提出不同的方案，或简单地说出一个想法。他们可能需要进一步澄清他们的想法，包括对这些建议本身做出各种区别和联系。虽然学生通过说明各自的理由来表达赞同与反对很正常，但你要让学生首先把班里同学提出的一些建议收集起来，再让他们判断建议的好坏。

我们需要不同的观点、对立的假设或不同的想法，让整个团体中的人都先暂停判断。暂停判断是主体间探究实践的核心。也许有些学生一开始对正在讨论的问题有自己坚定的想法，但如果其他学生表达了不同的想法，或者提出了其他可能，这就意味着团体还没有完全认定这个答案，讨论还将继续下去。

举个例子说明一下。下面是一个中学班级的学生提出的建议，学生正在讨论什么使得一种行为是公平的。这些建议是通过小组讨论产生的。

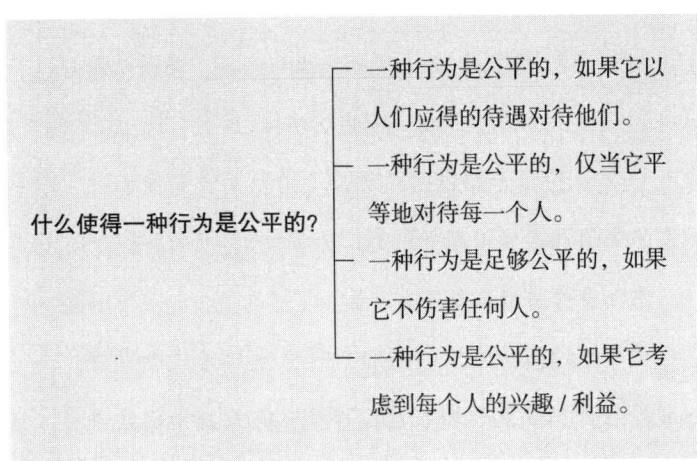

提出这些建议的学生不一定就会按照这些建议去做。它们可能只是学生忽然想到的想法，或者在当时看来是合理的想法，在适当的时候，学生可能会增添其他观点或更好的表述。无论这些建议是本着何种精神提出的，也无论我们最后是否能达成一致意见，如果想最后做出深思熟虑的判断，那么显然我们还需要提出更多想法，以便更好地发展和评估这些建议。

有了这些不同的可能性，学生就会暂停他们的主观判断，并且吸引着他们通过对照自己的经验来验证他们的想法，对比不同的可能性，探究不同的意见。随着他们以这种方式相互合作，他们会逐渐将这种模式内化到他们自己的思维中，并习惯性地在他们自己的思维方式中暂停主观判断，以便去探索其他的可能性和不同的观点。

概念探索与推理

学生的猜测、未定的解释、建议、假设等可能不会立刻显现出来。为了梳理出这些内容的意义，他们可能需要探索他们所使用的概念的内涵，以及引出他们所提出的主张的含义。以下是与此密切相关的活动。例如，在没有充分理解所用概念之前，学生可能不会清楚一个建议的深层含义——就像学生推理出它的含义才能明白它的重要性一样。这就引出了概念探索和推理这两个姊妹话题。

概念探索

为了对概念探索有一个初步的认识，让我们回到刚才我们探索的问题：什么使得一种行为是公平的？如果人们不举一些他们认为的行为公平或者不公平的例子，那么这个话题很难进行下去，并且会不可避免地引发关于这个或那个案例的争论。

这是因为我们开始提出的问题需要我们说出衡量行为公平的标准；和我们谈论生活中重要的事情时所引用的所有重要概念一样，判定什么是公平的标准变得有些不确定，且具有争议性，这让人有些意外。

因此，我们首先需要说明我们的潜在标准，然后对其进行检验。这可能不会让我们对所使用的概念的意义达成共识，但它能让我们更深刻地理解我们想法的内在含义，并更好地理清我们的智力发展到了什么水平。

做出区分是概念探索的一种基础能力。也就是，要在事物之间设置一个区分项，不然它们就会被认为是同一事物。这样可以提高对事物认识的清晰度和精准度，使我们避免犯很多错误。比如，在关于公平的讨论中，有一组学生的建议是，"一种行为是'足够公平'的，如果它不伤害任何人"。那我们可能会问，"足够公平"是否就是公平呢？毕竟，说某件事足够公平通常只是说它在当时的情况下足够合理，是可以被接受的。因此，可以说，"足够公平"只是达到了刚刚好的程度。但是，真正的公平并不是这样的。因此，区分公平和足够公平是非常重要的。在这个例子中，即使没有对任何人造成伤害的行为就是足够公平的，但"不造成伤害"很难确保一种行为是完全公平的。

每当我们想要分辨出词语的歧义（ambiguity）或含混（vagueness）时，学会做出区分就派上了用场。

例如，在关于公平的建议中，有学生说，"一种行为是公平的，如果它考虑到每个人的兴趣/利益（interests）"。那么"interests"到底是指"那些我们感兴趣追求的东西"还是"那些与我们的幸福或福祉攸关的东西"？抑或是其他东西？我们如何理解"interests"这个词语对这个话题的讨论至关重要。毕竟，认为公平就是在做决定时考虑到所有人的利益是一回事，觉得公平就是照顾到所有人的兴趣又是另一回事。

概念探索还包括关注内涵和其他概念性关联。这很简单，就是将字词根据意思联系，从概念对立或组合的角度划分成不同的意群或词组。比如，"一种行为是公平的，如果它以人们应得的待遇对待他们"这个建议，我们通常说某人应得的，分为赏罚两种情况。某人应得的可能是应得的奖励或是应受的惩罚。在关于公平的语境下，"惩罚"和"奖励"属于一组术语（a cluster of terms），它们与适当惩罚（根据犯罪行为）和特别对待（根据应得奖励的成绩）有关，类似的术语还包括"回报""报应""没收""补偿""奖励""奖项"和"授予"等词。表面看来，它们与公平毫无联系，属于不同类型的观点。

所以，那些提出"一种行为是公平的，如果它以人们应得的待遇对待他们"这种建议的人与认为"一种行为是公平的，仅当它平等地对待每一个人"的人看待公平的角度是不一样的。[在更进一步的讨论中，我们可能会提到报复性正义（retributive justice）和分配性正义（distributive justice）之间的区别。] 也许，通过一些手段，这两个看待公平的角度可以一致，但它们之间肯定存在差异。我们可以通过探索我们所使用措辞的含义来表达出这种差异，这是一种行之有效的概念性练习方法。

概念探索还包括分类思维（categorical thinking），即在组织某些主题时对其进行系统的区分和关联。这是一种属于分类或分类学的思维方式，它对于科学研究和超市货架陈列来说都一样重要。事实上，分类思维对于实现各种目的都很重要。

也许分类思维中最基本的任务，就是把一组事物分成有某些属性的和没有某些属性的。假设我们有一系列涉及各种行为的场景，其中一些显然是公平的，另一些显然是不公平的，还有一些是具有争议的。我们需要一个标准来将这些情况区分为公平的或是不公平的，这个标准是我们认定一种行为公平与否的理由，它隐含在我们对各种情况所做出的判断中。发现和审查我们的标准可能是一项艰巨的任务。

我们可能会使用各种各样的标准，其中一些可能会更重要，有些可能在某些情况下会相互冲突。这就造成了不确定性和分歧。我们需要确定我们所依赖的特征是一种事物被分类必须具备的特征，还是用以识别那类事物的特征，抑或是当两个标准发生冲突时，用于判断一个标准优于其他标准的特征，等等。

因此，从一个看似简单的分类任务上，我们就可以发现自己面临的是智力上复杂而严苛的事情。学生在这类问题上的造诣取决于他们的年龄、经验以及他们的兴趣，但分类任务的学习是丰富且大有裨益的。

总之，概念探索会让我们对于任何丰富且复杂的主题有一个更清晰、更连贯的视角。在课堂上，掌握一些进行概念探索的基本工具，并学习如何有效地使用它们，将为深入理解学校各门课程铺平道路。这也强有力地证明了，概念探究的艺术应该贯穿于整个学年的学习过程中。

推理

推理是一个广泛的话题，是形式逻辑和非形式逻辑的研究主题，但在学校的教育中却很少被提及。正是由于学校教育不太重视推理能力的培养，大多数教师没有受过推理模式训练，并且常常难以确定这些模式是有效的还是谬误的。

要是人们的生活不会因为推理能力弱就陷入到各种麻烦

中还好，可事实是，头脑混乱、推理错误、妄下结论、鲁莽行事、不知后果，其代价将会十分高昂且危险。尽管如此，在这样一本概括性的书中，我只能告诉老师们推理的重要性并提供一个学习推理的入门方法。通过引入一些对探究十分有用的简单推理工具，我希望让那些不熟悉推理教学的老师开始有信心去解决这个问题并意识到推理能力的重要性，以便拓展他们的技能储备。

再回到探究的基本模式，很明显，为了充分理解和评估已经提出的建议，我们要看看如果我们的建议被采纳，会得出哪些必定或可能的情况。注意，这些得出的情况分为两种。第一种是从我们的建议得出一个结论，也就是说，如果我们的建议是真的，那么得出的结论必定是真的。它们属于逻辑上的蕴涵关系（be logically implied）。第二种是只能得出一定的可能性或概率。让我们依次看看这两种情况。

先来看从建议推出蕴涵命题的情况。比如，从"一种行为是公平的，仅当它平等地对待每一个人"这个主张，我们可以得出"不能平等地对待每一个人就是不公平的"。这一蕴涵命题很重要，因为我们现在可以找一个例子，一个不平等对待人，但似乎是公平的例子。例如，有人可能会说，弟弟或妹妹要比哥哥或姐姐更早睡，这是不公平的，但考虑到他们更年幼，这又是公平的（或者足够公平的！）。如果这是可以被接受的，它就构成了原来那个主张的一个反例，使之不得不做出修改或被抛弃。当然，我并不是说每个人都可能同意这样的做法是不公平的（或者是公平的）。我们当然也要看看这里的"平等地对待"是什么意思。可能有人会说，年龄上的不同本身就是一种差异，这种差异导致了区别对待——而"平等地对待"蕴涵的是，在类似情况下应该被同样对待，而不是在不同的情况下被同样对待。

再举一个例子。从"一种行为是公平的，如果它考虑到每个人的兴趣/利益"这一主张，可以得出"一种行为不是公平的，除非它考虑到每个人的兴趣/利益"吗？令人吃惊的是，并不能得出这样的结论。这是一种常见的谬误（fallacy）。如果学生能认识到这是一种推理中的谬误，以及为什么这是一种谬误，那么这确实是一种进步。在稍后的章节中，我们将会学习如何让学生避免这种谬误。

在学习推理的过程中，我们会考虑像"如果"这样的词的使用方式，以及要特别注意"如果"从句中蕴涵和不蕴涵的陈述。习惯于思考他们的推理的学生也会立刻注意到在我们例子中出现的"如果"（if）和"仅当"（only if）的区别。"一种行为是公平的，仅当它平等地对待每一个人"蕴涵的是，"如果一种行为不平等地对待每一个人，那么它就是不公平的"。相比之下，"一种行为是公平的，如果它平等地对待每一个人"这一主张就没有这个蕴涵意义。想想这是不是又落入了我们刚刚谈到的推理谬误中。懂得推理的学生对这样的蕴涵意义很警觉，用词也很谨慎。

学生在审视他们的想法时所需要考虑的大部分蕴涵意义并不是按照所谓的演绎逻辑（deductive logic）的方式进行的。一件事被认为蕴涵了另一件事，是因为它们相伴而生，或者因为有一些线索将它们联系起来，或者仅仅是因为这是一种常识。推理覆盖范围广泛，学生在探究过程中会越来越熟悉这些领域。这包括在具备多种可能性的情况下，学生要学会基于某种情况去探索，而不是认为那个最有可能的可能性是唯一的。学生要学会全盘考虑，而不是只着眼于某一方面，或用单一的视角看问题。学生要学会追踪不同可能性所产生的后果，以便正确地比较和评估这些可能性。学生要学会批判地看待不可靠来源给出的理由和证据，而不是轻易地就相信它们。学生要学会从自己和同伴的经历中寻找证据，而不仅仅是盲目地接受成人所教授的知识。

通过学习这些内容，学生也在学习如何做出更合理的判断。这将意味着他们通常能够对生活中重要的事情做出良好的判断。他们将不再轻易被操纵,并且能更好地对证据进行自我判断。通过以合作探究的方式学习探索理由和证据,学生将不再那么武断,而是综合评估再做判断。他们将更愿意也更有能力去讨论共同的观点,并在家庭、社会和学习场所的决策中做出积极的贡献。

尽管很复杂,但培养敏锐的判断力应该成为学校教育的核心,而学会正确地推理则是其中很重要的一个部分。所以,我们应该特别注重培养学生的推理能力。

评估与结论

分析想法并得出其蕴涵意义的过程与评估密切相关。我们常常只是因为我们认为一些建议的蕴涵意义是有问题的,所以才会注意到它。比如,我们可能会这样推理:"如果提出的建议是正确的,那么我们就能找到一定的证据去证明它。但是我们却找不到证据,所以这个建议的正确性就很可疑。"这是一种常见的推理形式,一般用于对某些建议的否定评估。同样,有些人可能想要去探索一个特定的概念,因为他们觉得与之相关的建议是具有误导性的,最终是不合逻辑的、老生常谈的东西,或者与其他已经被拒绝的建议没什么两样。简而言之,在探究过程中，推理和概念探索主要导向评估，二者相辅相成，密切相关。

尽管它们是相互联系的，但为了教授探究工具，将它们分开也是很重要的。学生要专门学习评估工具，以便有效地使用它们。他们要学会谨慎地提出和评估各种原因，培养运用评估标准的技能，有效运用例子和其他证据，寻找反例，以及大概了解评估建议中涉及的内容。

这个方法也同样适用于探究基本模式的最后阶段——得出结论。推理是指向得出结论的一个过程，所以很显然它包含了得出结论。然而，再次提醒，学会区分推理和得出结论是非常重要的。即使我们可以通过严密的推理得出一个结论，这也不能表明我们开始时的主张是真的，如果有人对此提出质疑，我们要再回过头去更认真地思考它。更让人吃惊的是，经过反思，我们可能会推理得出一些与我们自身的经验不符的结论，这样我们就有理由怀疑我们最初的假设。或者，我们推理得出一些结论，但其他人基于不同的基础推理得出一个完全不同的结论，于是我们就只能按照标准来权衡这两种不同的结论，而这些标准本身可能并不完全一致。

总而言之，探究的结论通常与任何特定推理的结论并不相同。它通常是综合评估多种思路和不同观点的结果。

需要特别强调的是，我们在课堂探究中得出的结论往往不是全体一致同意的。由于未解决的分歧和不同的理解，学生之间可能达成部分相同或不同的解决方案，尽管其他解决方案可能更全面、更合理、更客观。出现这种意见不一的情况并不奇怪，因为我们经常要处理长久以来就存在的有关意义和价值的问题，这些问题都没有一个正确的标准答案。对于那些习惯处理有官方正确答案问题的教师来说，面对这样的问题可能会感到很棘手，甚至可能会觉得教授这些没有一个权威或统一答案的问题，只不过是徒劳而已。然而，这些问题属于我们生活中所面临的最重要的问题，我们对这些问题作何回答会对我们所处的社会产生重大的影响。

关于自由、正当行为、公平、人格、美、真理等开放的智力性问题，对每个社会、每代人以及每个个体都是开放性的，每个人都有自己的答案。这并不是说任何答案都可以，或者只是一种意见而已。我们的答案可以或多或少是富有智慧的、深思熟虑的、富有洞察力的、富有同情心的和提升生活的，也可以或多或少是迟钝的、有碍的或有害的。

我们也不会采用前人的现成回答来回避这些问题。那样只是不假思索地坚持一些答案，一些反映其他时代和地方生活状况的答案。我们不会效仿那些创造这些问题的人，仅仅相信他们的答案，而是像他们那样，将自己投入到一种反思和思考的人生中。

评估基本上有两种，一种是逻辑评估，一种是证据评估。逻辑评估就是看我们建议的连贯性和彼此之间的一致性。相比之下，证据评估是指根据背景知识、预测成功的程度、个人经验等方面对建议及其蕴涵意义进行评估。我们在这里谈的是逻辑评估和证据评估的标准。连贯性和一致性是任何建议都需要满足的逻辑标准。任何不连贯的建议（想法、猜想或假设）都需要被修改或抛弃。然而，有的猜想本身可能是连贯的，但却与做出的其他一些猜想不一致。因此，这两种猜想不可能都是真的，至少有一种肯定是假的。在这种情况下，逻辑一致性是评估过程的一个重要部分，可以帮助指明前进的方向。它可能会驱使我们寻找这样或那样的证据来解决问题。

事实上，我们刚才所描述的情况在科学领域是司空见惯的，科学领域中相互对立的两个假设，要通过对照实验测试和数据分析才能进行评估。科学利用推理从假设或理论中得出预测，然后使用实验程序和系统的观察、分析来检验它们是否与证据相符。

课堂探究的一个显著特点是，它以学生的经验作为证据。学生利用自己的经验来支持自己的主张。一个简单的案例可能需要学生从他们自己的经验中举出一个例子。举例是一种基本的证明工具，可用于评估许多建议。然而，我们需要注意的是，经验是一个复杂的构造物，每个学生都有不同的体验，包括每个人在智力、社会成熟度、能力、气质、好恶、兴趣、家庭生活、朋友交际、社会环境，以及他们个人经历中所有的偶然事件等方面都存在差异。因此，让学生根据彼此的经验来检验自己的想法和理解，并通过反思他们的共同经验来发展新的想法，是学习过程中的重要组成部分。通过分享和反思自己的经历，学生也在打开自己的眼界，学会欣赏他人的经历，学会更加客观地看待自身的经历。

学生的经验也为他们提供了我之前提到的"反例"的宝贵资源。反例是指可以证明一些观点是错误的例子。例如，如果有人说，当地的土著居民都很懒，他们根本不会自己动手做任何事，但学生会认识一些并不符合这种刻板印象的当地土著居民。即使这不是来自个人的生活经验，它也有可能是通过其他形式获得的经验，如电视或互联网。许多澳大利亚学生可能会以奥运会运动员凯西·弗里曼（Cathy Freeman）为例。她就是一个反例，迫使学生重新考虑前人所说的话。反例是实现探究目标的一个重要评估工具，学生可以非常熟练地从自己的经验中举出反例。

参与课堂探究的学生经常发现,为了评估他们的建议,他们也需要考虑一些不是他们自身生活经验的信息。背景知识是可用于评估的重要证据材料来源。这包括从教师、课本、图书馆资源或网上等获取的信息。

在课堂探究团体的背景下,传授给学生的大量知识并不是简单记忆的那种,这是个意义重大的问题。灌入学生脑袋里的不应该是些无用信息,而应该是他们自己所寻求的信息。这种信息应该是热门事实——可以引起他们深思的事实,是做出明智判断必需的事实。简而言之,就是可以引发思考的材料。

在这种情况下,事实和信息是十分有意义的,因为它们可以引发人们思考。它们是有用的事实,而不是那么多无用的信息。

在寻找信息时,学生必须对信息来源的可靠性做出判断。信息来源可靠吗?有没有更权威的信息来源?这些信息是毋庸置疑的知识,还是仅仅是可靠的指南?如果是后者,那么信息正确的可能性有多大?此外,在各种情况下,我们应该采用什么样的证明或证据标准?我们又该如何决定这些标准呢?这样的问题会将我们带到一个叫作认识论(epistemology)的哲学分支,或者说知识论(theory of knowledge),从而使我们的讨论变成一个独立的哲学讨论。既然关于什么是知识以及我们如何获得知识的问题一直困扰着所有的探究,学生就需要时不时地进行认识论层面的讨论。然而,更重要的是,要培养学生批判地评估知识或证据来源的能力,而不能让他们不加批判地将所有的信息来源一视同仁,或者是轻信某些信息来源。

用一个简短的反思环节来拉上探究的帷幕不失为一个好方法。这个环节不应该是由教师总结得出的结论,而应该是由学生总结出他们在探究中的所学所得。由于学生可能会做出不同的合理判断,所以教师要准备好不同的回应。尽管有很多学生对探究的发现会持一致意见,但其他人也有可能会持有一些不同的观点,甚至是完全不赞同。在任何情况下,都要注意到这样的总结只涉及探究的一方面,这是非常重要的。向学生提出问题,引导学生反思他们探究的过程以及结果的方方面面将对他们的学习大有助益。请注意,后面提到的拇指法是一个不错的反思工具。

不同类型的探究在其评估方法和预想结果上都有所不同。实验方法通过严谨的实验或测试来评估科学性假设,观察预测的结果是否会实现,然后得出相应的理论结论。在日常生活中,对于实践建议,我们通过批判和制订我们实施的计划,并且通过经常性地继续跟踪和评判来做出评估。而对于概念性的建议,例如"一种行为是公平的,仅当它平等地对待每一个人"这个建议,我们更有可能根据实际和可能的案例来评估,这些案例可能是反例,那么得出的结论就可能是采纳或修改某些想法。因此,有些案例提出了具体的实施建议,有些案例证实或否定了某些理论,还有一些案例会颠覆我们的认知,其实际影响可能间接且广泛。

虽然最后一种结果在课堂上更常见,但重要的是,学生要将他们讨论的结果以各种方式付诸行动。最值得注意的是,在教育背景下,这就意味着学生要试着将他们所学到的应用到其他的学习任务中:书面任务、口头任务、图形任务、戏剧任务等。也就是说,他们通过合作探究所学到的东西应该能够提升他们的整体学习质量。

因此,当合作探究成为学校教学的一部分时,观察学生的学习动态是很重要的。不幸的是,由于很少这样做,在这方面,我们还有很多需要学习的。尽管到目前为止的成果依然有限,但已经有学校在持续实施合作探究,以此明显改善了学生的学习成果和社会态度及行为,这着实令人欢欣鼓舞。如果这类学习模式可以系统地持续数年,那么效果可能会非常显著。[具体效果请登录澳大利亚昆士兰布兰达州立学校(Buranda State School)网站就可知晓。]

探究工具

认为探究工具只能用于某一特定阶段,这多少有些虚假。探究由提出问题开始,然后给出相应的建议,接着对其进行推理,就概念进行探讨,再经过批判性评估,最后得出结论。然而,在提出建议之前,我们可能要探索问题背后的那些核心概念,不然单探索一个概念只会引发进一步的问题。当然,在探究过程中,随时都有可能出现问题,随时要区分不同的情况,注意问题中的假设或者例子背后的理由。因此,虽然我们可能认为某个工具在探究中的某些特定阶段最突出,但实际上,随着探究的进行,这些工具会在很多地方被反复使用。因此,从探究工具的作用这个角度来看待这些工具可能会更有帮助。

提出问题工具	概念探索工具
问题象限	做出区分
事实、价值与概念	临界案例
议题	目标靶
	思想实验
提出假设工具	标准
建议	
	推理工具
评估工具	概括
理由	演绎推理
赞同与反对	推理图
反例	假设
举例	分歧图
追踪工具	元探究工具
讨论地图	拇指法

根据工具的基本功能,上面的表格列出了本书中所介绍的工具的类型。一些工具用于处理问题,一些工具用于推理、概念探索或评估,等等。即便如此,需要注意的是,有些工具可

能不止一种功能，可以归到不同的类别下。例如，将问题写入"议题"中，就是将它们归类到某个主题或话题下，这本身就是一种构思问题的方式，因此也是一种概念探索性活动。类似地，"分歧图"是一种追踪分歧中的推理的方法，因此它同样是一种追踪工具；而给出和思考理由，同样也是证明、评估或推理。

这种模式不管怎样都是很让人受用的。在我们的课堂探究中，我们基本上会做以下工作：提出问题，提出假设或建议，相互推理，进行概念探索，评估观点和建议。无论是初学者还是高年级学生，都会有工具来辅助他们进行这些宽泛的探究任务中的每一项。

当然，我们也要跟踪讨论进程，反思我们讨论的情况以及该如何改进。这些目的都可以通过使用"讨论地图"和"拇指法"来实现。

本书接下来将介绍课堂上可以使用的 20 个思考工具。为了便于参考，本书将它们做了初级、中级和高级的分类。也就是说，你们最先接触到的是初级工具，然后才会依次学习中级工具和高级工具。如果你从事的是早期教育工作，那么一定要看看中级工具，随着工作的进展，你可能会用到其中的一些工具。如果你的学生是一些刚刚接触探究的小学生，那么你会发现自己对于一些中级工具的学习进步神速。如果你是一名中学教师，你最终要教授高级工具，但要确保学生的基础够牢固。

约翰·杜威曾说过："就学生的心智而言……学校能为他们做的或需要做的，就是培养他们的思考能力。"（1966，第152页）他在这里所提到的"思考"，其实就是"探究"，指的是探究心智的发展。尽管杜威的主张可能会遭人非议，说他轻易地就忽视了学校教育中一系列合法正当的结果，但他强调以发展学生思考能力为中心的主张无疑是正确的。尽管如今的学校在很多方面都比100多年前的那些学校更贴近杜威的理念，但在这个方面，我们仍有很长的路要走。衷心希望这本书能在某种程度上帮助我们朝着杜威的方向继续完善，也祝愿各位教师在提高学生思维质量方面能如愿以偿。

第一部分
初级工具

问题象限

建议

理由

赞同与反对

举例

做出区分

临界案例

目标靶

思想实验

拇指法

问题象限

通过阅读一个文本,学生提出他们的问题,再围绕这个问题展开讨论,这在团体探究中是很常见的一个步骤。尽管学生可以提出各种各样的问题,但讨论的效率在很大程度上依赖学生所提问题的质量。问题是,大多数学生提的问题都不深刻,并不能引导他们进入一场令人期盼的讨论中。要是我们能够教学生如何去提出更好的问题——更有探究价值的问题——那么我们的探究就有了更好的开端。

多年前,关于这个问题,我提出了一个简便的模式来将学生的问题进行分类。这就是我所说的"问题象限"。经我介绍后,教师们都觉得这是个非常好用的方法,可以帮助他们理清自己思维上的问题。此外,当给学生做问题象限的一些练习时,他们的问题质量几乎立即提升了许多,更有效率地夯实了他们讨论的基础。以下内容就是教师可以用来归类问题的问题象限,也给出了将其引入课堂的一些建议。

四种类型的问题

小熊维尼和小猪皮杰一起在雪地上艰难地走着。天朗气清,但太阳低悬,在地面上投射出橙黄色的光。小猪皮杰裹着羊毛大衣,围着围巾,小熊维尼却只穿了一件破旧的短袖上衣,这上衣还小了几号。小猪皮杰感动地对小熊维尼说:"我们将永远是朋友,对吗?"小熊维尼回答:"比永远还久。"

> 关于这个场景,可以提出以下几个问题:
>
> 1. 这是冬天还是夏天?
> 2. 谁穿得更暖和,小熊维尼还是小猪皮杰?
> 3. 小熊维尼和小猪皮杰的故事是谁写的?
> 4. 故事中的其他人物叫什么名字?
> 5. 小熊维尼和小猪皮杰要去哪里?
> 6. 为什么不是小熊维尼穿得更暖和?
> 7. 拥有一个终生的挚友重要吗?
> 8. 有什么东西比永远还久?

以上问题各种各样：有些是开放性问题（open questions），有些是封闭性问题（closed questions）。开放性问题没有标准答案，封闭性问题则有标准答案。例如，如果这个问题有毋庸置疑的答案，或者是一个常识问题，那么这个问题通常就是封闭性问题。上面列出的前四个问题就是封闭性问题，其中两个问题就像是做阅读理解，可以在文中找到答案，而另外两个则是常识问题。

我说这些问题是封闭性问题，并不是让每个读过这篇文本的人都要在心里给出一个答案。例如，对于第一个问题，读者就很有可能因为各种原因，不知道问题答案是什么。读者可能不知道那里的气候如何，或者不确定小猪皮杰和小熊维尼住在哪里。即使是这样一个简单直接的问题，也只能根据相关的背景知识和假设情况才能给出答案。尽管如此，这个问题几乎可以肯定也是封闭性问题，因为根据文中的假设背景，故事发生在冬天。同样，我们也很容易想到，有些人不确定前面列出的第三个问题的答案是 A.A. 米尔恩（A.A. Milne）还是肯尼斯·格雷厄姆（Kenneth Grahame）[《柳林风声》(*The Wind in the Willows*) 的作者]，所以这个问题在他们心里还是没有答案。然而，这个问题是一个封闭性问题，因为毫无疑问，小猪皮杰和小熊维尼故事的作者是 A.A. 米尔恩。在这种情况下，只有一个确定的正确答案。

故事让很多事情的答案都模糊不清。它永远都无法解释为什么小熊维尼在大冬天只穿着短袖上衣出去。我们只能猜。可能是因为小熊维尼自身的毛皮够暖；可能这件上衣是他唯一干净的衣服了；也有可能小熊维尼呆头呆脑，根本没想到要根据天气穿衣服。这些猜想看起来或多或少都很合理或者合乎情景，而且这篇文本、背景知识和假设都无法排除这些猜想。这些皆有可能。

上面的第五个问题和第六个问题就是让我们去猜想这些可能的开放性问题。虽然它们是很基本的开放性的、发挥想象力的问题，但不难看出，它们有助于实现一个非常重要的教育功能。对故事开展可能的想象探究是阐释故事的一种方式。每当我们猜测一个角色将会做什么，他的行为会产生什么后果，他会发生什么事情，或者情节将如何转变时，我们就参与到了想象性探究活动中。在日常生活中，我们也会做同样的事情，比如，试图去分辨别人做事的动机，试图预测他们在特定环境下的行为，或者思考我们自己人生的可能性。很显然，这或多或少与我们的智力、洞察力和理解能力有关。从长远来看，我们是否充分发展了这种想象性探究能力将对我们的生活产生深远的影响，因此，我们应该特别重视培养这种能力。文学研究有助于培养这种能力，而这给了我们一个相当有说服力的理由，让我们为学生提供足够的机会来开展文学研究。

上面列出的最后两个问题是属于不同种类的开放性问题。它们是"更大"、更普遍的问题，是关于我们在生活中应该重视的东西以及我们对可能性的认识的问题。虽然去争论支持哪种想象性的可能性并没有什么意义（比如，小熊维尼穿短袖上衣是因为他的毛皮，而不是他忘了换衣服），但在最后两个问题上，情况则大不相同。在这种情况下，适当地进行探索就要求我们批判性地审视我们所说的话，讨论我们的分歧，并检验不同的观点。比如，我们需要：阐明我们所说的猜想，给出并评估理由，检验假设，得出相关推论，做出必要的区分和联系，审视概念，并采用适当的标准。简而言之，为了回答最后两个问题，我们需要进行一场智力探究。因此，我们可以称它们为"探究性问题"（inquiry questions）。

我用问题象限来总结一下到目前为止的讨论。我并不是说它囊括了学生可能提出的所有问题，也不是说它们彼此之间是完全不一样的。尽管如此，对于实践目的来说，它还是很有用的。下面这些问题是由文本引发的，如果使用其他类型的刺激物产生其他一些问题，那么就需要将它们分成不同的类别。这是一个复杂的问题，就先暂且搁置。

```
                    文本性问题
                        │
    这是冬天还是夏天?    │    小熊维尼和小猪皮杰要
    谁穿得更暖和,小熊维尼还 │    去哪里?
    是小猪皮杰?          │    为什么不是小熊维尼穿
    阅读理解             │    得更暖和?
                        │    文学猜测
  封闭性问题 ─────────────┼───────────── 开放性问题
                        │
    事实性知识           │    探究性问题
    小熊维尼和小猪皮杰的故事 │    拥有一个终生的挚友重
    是谁写的?            │    要吗?
    故事中的其他人物叫什么  │    有什么东西比永远还久?
    名字?               │
                        │
                    智力性问题
```

毫不意外,如果我们想在课堂上引起探究,那么开放的智力性问题将助我们一臂之力。一旦学生大致了解了这些要求,他们就不太可能问很多封闭性问题。如果他们确实问了一些涉及基础理解的问题,那么也要先解决这些问题。很可能,班上的其他同学能够回答这类问题,然后可以继续探究。同样,可能会出现关于背景的事实性知识问题,但学生很快就会发现,问老师、去图书馆查阅或进行适当的网络搜索更能恰当地解决这类问题。有个问题根深蒂固,那就是许多学生一直提出我称之为"文学猜测"(literary speculation)的问题，就智力探究而言，这种问题会占用大量的讨论时间，却收效甚微。

问题在于，我们如何能让学生提出更多类似右下象限中的问题。经验告诉我们，一个有效的方法就是简单地向他们介绍一下问题象限中不同问题的区别。

介绍问题象限

我不建议你从问题象限的介绍开始就关注学生的问题——就像刚入学的孩子刚刚开始学习提问时，你不太可能用他们提出的问题开始探究。但是，我将问题象限归入到初级工具里，是因为一旦你大胆地使用了学生的问题作为探究的基础，并且得到了不同的结果，那么可能就需要用到这个工具了。

为了向学生介绍问题象限，你首先需要换一种他们容易理解的说法，这个说法根据你班上学生年龄的不同会有所不同。比如，对于"封闭性问题"，你可能会换成"只有一个正确答案的问题"；对于"开放性问题"，你可能就会说是"有很多可能性的问题"。一位老师告诉我，她用"看文章并回答问题"来代替"阅读理解"，用"向专家提问"来代替"事实性知识"，用"想象性问题"来代替"文学猜测"，用

"思考问题"来代替"探究性问题"。在课堂上教授学生问题象限时,我喜欢把它们用这样的称呼标记在卡片上,然后放在地板上。

引入问题象限时,你可以先和学生讨论各种各样的问题,再使用一两个构造的例子,让他们可以很容易地就联想到每个象限。然后,给学生一些进一步构造的问题,让他们自己去分类整理。你可以让全班学生一起做,但当学生有足够的自信时,你可以把他们分成几个小组,给每个小组一到两分钟的时间来整理一些问题。(如果每个小组的问题都是一样的,那么当他们做反馈时,他们会更容易地讨论小组之间的分歧。)

一旦学生已经熟悉了问题象限的使用,你就可以让他们使用问题象限去思考他们自己提出的问题了。比如,下面是一组问题和分类,我的授课对象是一个小学高年级的班,他们读了我的书《思考故事1》(*Thinking Stories 1*, 1993a,第42—48页)中菲利普·吉恩(Philip Guin)写的一篇名为"刀"("The Knife")的故事。大多数问题都是学生自己提出来的,但为了便于练习,我又增加了几个问题。

只有一个正确答案	有许多可能的答案
答案在书里 卡尔计划从比彻姆先生的五金店偷那把刀吗? 比彻姆先生有没有把卡尔送去警察局?	**使用你的想象力** 如果卡尔把刀带回家了,他的父母会怎么做? 如果比彻姆先生看见卡尔偷了刀,他会怎么做?
法律会让偷东西的孩子坐牢吗? 五金店可以把刀卖给孩子吗? **请教知道答案的人**	比彻姆先生向卡尔提出的建议是在做正确的事吗? 偷东西怎么能是正确的事呢? **你真的需要仔细思考**

建 议

探究的创造性阶段也就是对问题的可能答案、解决问题的办法提出建议。我所说的建议是指各种各样的想法,也就是我们称为提议、推测、猜想、假设、解释和观点的东西。这是我们初步试着将我们更广泛的经验、背景知识或更普遍的共识应用到手头的问题上。

如此说来,这些建议在探究过程中起着至关重要的作用。如果我们要找的答案显而易见,就没有必要去探究了。因为我们早就有了答案。但如果情况不是这样，我们就要通过思考问题的各种可能性，来打破已知信息的束缚，重新了解、阐明、解决或解释问题本身。这就是建议的重要性。建议是问题与结论或解决方案之间的中间桥梁。探究就是探索问题，而探索问题的目的就是找到答案。作为一种回答，建议仍然是具有探索性的——它们还不是结论或解决方案，只是临时的想法或正在发展的思想。它们就像是一把钥匙，试探性地插进锁孔里，希望能把锁打开。

在探究中，不同的建议对应不同的问题，其中以下建议是最常见的。

- **解释**（explanation）：建议就是那些可能的解释，是我们应该如何理解事物或者解释事物理由的答案。它们试图去解释或者说明某事。解释性建议包括用来解释某一情况的事实或作为旨在证实或反驳某一可能性研究起点的猜想或假设，为了解释某一事件所做的假设，以及我们由此得出解释性结论的概括。
- **提议**（proposal）：提议是指针对我们的实际问题对可能采取的行动方针所提出的建议。提议在日常事务中占据重要地位，但往往没有被人审慎检查过。通过让学生参与到合作探究中，我们可以帮助学生培养他们慎重考虑自己选择的习惯，并在必要时更加谨慎。

- **价值判断**（value judgement）：价值判断就是在回答涉及一定准则和标准的评估性问题时关于正确行为或偏好的建议。这样的问题或者回答最常与"应该""正确""错误"或其他诸如此类的词语搭配出现。价值判断可以是一种建议，这就表明，在探究中，价值也是一种需要探究的东西，而不能只是做出教条式的断言。当出现价值分歧时尤其如此。

- **含义**（meaning）：试图定义某一术语或者分析某一概念的含义，就是为了回答概念性问题做出的建议。这样的建议适合作为概念性探究的起点。

就像学生提出的问题一样，他们提出的建议的质量也是决定他们探究所得的主要因素。尽管老师们常常为学生提出了大量建议而感到高兴，但让学生生成建议似乎是可以鼓励而无法教授的东西，这是挺令人沮丧的。然而，一旦学生有了兴趣，他们就会自发地提出许多建议。教师的任务是为学生提供他们可以学会提高建议质量的方法。幸运的是，我们还真有些方法可以帮助学生提高建议的质量。只要全班学生一起仔细思考，就会发现哪些建议是不可信的、不可行的，是狂妄的猜想和天真的假设，因为它们包含错误或不合理的假定、错误的蕴涵，与证据不符，以及可能出现不良后果。

通过学习系统地审视他们的建议，学生将逐渐内化思考的习惯，这会帮助他们更容易地放弃那些明显不可行的想法。当然，丰富的知识储备和理解力是无可替代的，学生在许多领域的建议将不可避免地暴露出他们相对缺乏经验的事实。根据他们已有的知识和经验来批判地审视他们的建议，随着时间的推移，学生肯定能提高他们建议的质量。

在探究中使用建议的另一个主要原因是探索多种可能的重要性。开放的智力性问题和实际问题通常有很大的讨论空间。等到一天课程都结束了，对于所讨论的问题，我们一定可以得出一个唯一正确的答案或者发现事物的真相。然而，这只有在考虑问题多方面可能性的情况下才能做到。在许多实际问题和价值问题上，很多问题都没有正确的答案或解决办法，但是有其他可能的行动指南及生活方式。我们在生活中所面临的所有实际问题和事情几乎都是这样的，而人们的智慧就在于看到各种可能性，然后做出好的选择。

尽管我们应该积极探索问题，但在探究的任何时刻，都要判断是否存在我们尚未提出的、其他更重要的可能性。有时我们会发现，在最初看似合理的建议遇到严重困难后，我们需要寻找另一种可能性。有时我们也会发现一个或多个建议遇到困难意味着新的可能性产生了，这种新的可能性不受那些困难的影响。

无论如何，学生本着探究精神提出的所有建议都值得被认真对待，即便只是简单地提了一下也可以让他们看清哪些建议值得深入探究。显然，你可能已经察觉到一些重要的可能性，或者是一些你的学生还没想到的观点。作为教师，我们有时会想到一些特别的建议，希望我们的学生也能想到，但这看起来又不太可能会发生。遇到这种情况，你就要小心行事了。如果有个建议很重要，但学生没有提出来，你在最后可以尝试性地引导出来："假设有人提出以下建议……""你觉得……怎么样？"

在以探究为基础的合作学习中，建议是学生用来在一个问题上取得进展或解决问题的工具。在指明探究可能前进的方向时，提出建议就像我们在不熟悉的领域试图徒步走出某条路一样。也正如徒步那般，一个人如果不了解这块领域的总体情况，不知道这条路是否能到达目的地，也不知道这条路与其他路有何区别，那么他就不可能提出明智的建议。

理　　由

探究最基本的工具之一就是给出理由，说明为什么提出这样的主张。所以，在探究性学习中，从一开始就要鼓励学生给出理由。我们甚至可以在早期的第一次探究课上就教学生使用"因为"（because）这个词来说出他们的理由。当然，当教师让学生说出自己的理由时，他们都会本能地使用这个词，但我们希望班上的每个人都能把这个词放在自己的工具箱中，这样他们就能有意识地使用这个词来给出理由了。我们要让学生自觉而有意地对所有看法都给出自己的理由，并且让他们在合适的时候，也能要求别人这样做。

为了让学生形成给出理由的习惯，我一般会从以下活动着手：

- 我会问学生他们最喜欢的电影是什么、他们最喜欢的电视节目是什么，或者他们认为狗和猫哪个更适合做宠物等诸如此类个人偏好性或有自己想法的问题，这样他们就能说出一个理由。我不会和他们说"理由"或者是类似的词，而是让他们思考哪个是他们最喜欢的以及为什么他们最喜欢那一个。

- 我会让他们注意一个有魔力的词，并告诉他们，当人们说明为什么某物是他们最喜欢的时，他们可能会用到这个词。

- 我会在课堂上四处走动，问不同的学生他们最喜欢的是什么，为什么他们最喜欢那一个。

- 通常我都会将他们所说的话重复一遍，然后当有人说到"因为"这个词的时候，我会特别强调一下。当学生都明显感觉到这个词就是那个有魔力的词时，我就不会再问谁能猜到这个有魔力的词是什么了。我会把这个词先写在一张卡片上，然后当学生说出他们一直听到的这个词时，我就会像施魔法般把它放在地板上。

- 接着，我就会问学生，当人们在使用"因为"这个词的时候，他们准备做什么。在简单讨论后，学生就会发现，人们是准备"说明为什么"或者给出理由。我也会把"理由"这个词写在一张卡片上，并把它也放在地板上。

- 然后，我会总结并说道，我希望，在今天讨论故事或者任何其他事情的时候，他们都能把"因为"这个词挂在嘴边，因为他们可能需要用它来给出理由，以此解释他们的观点。
- 快下课的时候，我会问学生，今天我们最开始的那个问题是什么，然后让他们回顾一下"因为"这个给出理由的词。最后，我会让他们想象一下：在他们每个人旁边都有个工具箱，打开它，然后看看里面。我会说："看，这是个空箱子！里面什么也没有。"然后，我会让他们把"因为"这个词放进他们的工具箱里。这样，当他们需要给出理由的时候，他们就能从他们的工具箱里拿出这个有魔力的词了。
- 我还会告诉他们，随着课程的推进，我们会在自己的工具箱里放更多的工具，这样，到学期结束时，我们就都有一套可以用来讨论和思考事情的工具了。

奔异兽[1]真的存在吗?

在团体探究中,给出和评估理由是一件需要相互合作的事情。通常,可以将学生分成几个小组来探究他们想表达的理由,然后他们可以作为一个整体把理由展示给全班同学,以便做进一步的讨论。根据学生的年龄,每个小组可能会得到一张纸,并在纸上写下他们的理由,以便在课堂上进行展示。

下面的例子来自一个小学中年级班,他们在讨论"奔异兽真的存在吗?"这个问题。这个问题是他们在阅读澳大利亚作家珍妮·瓦格纳(Jenny Wagner)的图画书《伯克利溪的奔异兽》(The Bunyip of Berkeley's Creek)时提出来的。对于不知情的人来说,奔异兽是澳大利亚传说中的一种生物,据说生活在

---

[1] 奔异兽(bunyip),澳大利亚传说中的一种沼泽怪兽。——译者注

澳大利亚灌木丛中的死水潭或潟湖中。这个例子展示了一个小组给出的关于奔异兽不存在的理由，以及班里其他学生对这些理由的评价。

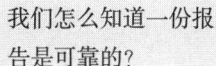

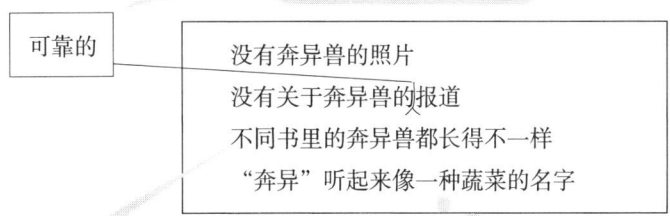

班上的一名学生对"没有关于奔异兽的报道"这个主张提出了反对意见，他说他的堂姐告诉他，她和家人有一次在夏天露营时看到过奔异兽。一些学生不相信这个说法是真的。有的学生认为，这是他堂姐在吹嘘；有的学生认为，可能是他堂姐看到了其他东西，误以为那是奔异兽。

鉴于意见不一，全班学生觉得他们要区分出关于奔异兽可靠的报道和不可靠的报道，提出"没有关于奔异兽的报道"这一理由的小组同意将他们的主张修改为"没有关于奔异兽的可靠的报道"。然而，讲述有关奔异兽报道的那个学生并不死心，他坚持认为，虽然他的堂姐可能会看错，但当时班上的同学并不在场，所以他们也不能确定她看错了。

这时，有个学生问道："我们怎样才能判断一个报道是否可靠呢？"机智的教师感谢了这个学生将这个问题提出来，并把它写在了黑板上。教师说，学生可能会在稍后讨论这个问题。

另一个学生认为，不能仅仅因为不同书里的奔异兽都长得不一样，就断定没有奔异兽。他说："我们都长得不一样，但我们是真实存在的。"一些学生认为，这是个不错的理由，另外一些学生认为，不同书里的奔异兽都长得不一样，是因为它是人们虚构出来的一种生物，并且"我们都长得不一样"并不能证明"不同书里的奔异兽都长得不一样"就不是一个好的理由。

在整个讨论过程中，我都安静地坐在教室后面，想听听他们对于这个清单上的最后一个理由——"奔异"听起来像一种蔬菜的名字，可能听起来和"洋芋"或者"魔芋"差不多——会发表什么看法。很可惜，没人讨论到它。

我并不是要特意强调这个真实生活中发生的例子的质量有多高，而是想借此向老师们介绍一下可使用的大概流程。如果要让学生初步讨论理由，将他们分成小组是一个绝佳的方法。学生互相交流他们的想法并合作写出他们的理由，能让他们充分参与到思考理由的过程中。当小组成员向全班展示他们的理由时，每个小组都可以和全班同学一起检验他们的理由，并思考其他小组提出的更广泛的理由。总的来说，我推荐的就是小组活动和全班集体讨论相结合的方法，我们举的这个给出理由的例子很好地为我们展示了如何将给出理由和后续评估结合在一起使用。

为了介绍一些开启入门的简单方式，我将给出理由和评估理由放在了初级工具中。之后，我们将从简单的给出理由过渡到更复杂的推理，也就是学生要试着将某一主张与其他主张从逻辑上联系起来，以便为该主张的真或假提供证据。

然而，在我们使用这些更复杂的工具之前，重要的是，让学生习惯于在适当的时候给出理由，并希望其他人也这样做。在发展探究性心智的过程中，最有力的方式就是，当听到别人发表一些吸引你、让你惊讶的观点时，你特别想知道他们为什么这么说；以及有时你开始思考为什么这样做，你的想法有没有好的理由支持。

赞同与反对

把赞同与反对看作一种有用的工具似乎有些奇怪，但是，合理地表达赞同与反对是合作探究过程的核心，赞同与反对的有力结合是探究过程的一个关键优势。

赞同与反对是对建议的两种基本回应。当学生表达他们对某人建议的赞同时，别人通常会希望他们给出理由来增加其说法的合理性；就像他们表达反对意见时，他们也应该给出反对的理由。所以，讨论一个建议需要给出支持和反对的理由来进行批判性评估。

赞同与反对的相互作用为讨论指明了方向。例如，很多学生可能会为一个建议提出例子，也会有学生提出自己的观察表示反对，这就会使得讨论开始往不同的方向发展。一个小组得出了一个结论，然后发现另一个小组得出了不同的结论，这个时候，他们就会发现自己处在分岔路口，每个小组都必须对另一小组选择不同观点的理由做出回应。在合作探究中，赞同与反对代表了思想上的趋同和发散模式，使我们的思维迎风前行，推动我们的探究不断向前发展。

辩论与探究

值得注意的是,区分辩论(debate)与探究(inquiry)是十分重要的。在辩论中,互相对立的两队提出支持或反对某个主张的论点。两队里的每个人都必须为自己团队被分配的辩题争辩,而不考虑自己的意见和建议。辩论的目的就是赢得胜利,而不是提供有益的建议,也不管可能会导致什么样的结果。在辩论中,每队的成员都赞同自己队员的观点,反对对方队的观点。如果不这样做,那就是对自己队的背叛,而不清楚自己的立场则是一种能力弱的表现。通常辩论论点的合理性并不重要,重要的是语言的修辞手段,其目的是打击对手,使听众站在自己这边。这是律师和政客的策略,无论好坏,在他们处理事务的方式中都根深蒂固。

相反,在探究中,只要我们所说的是具有建设性的,我们可以自由地表达我们合理的赞同或反对观点。我们在讨论的问题上不偏袒任何一方,除非我们觉得应该这样做。在我们继续考虑的过程中,我们可能会同时赞同和反对一个建议,如果出现了其他合理的理由,我们也可能会改变我们的想法。我们不是努力让我们的观点占上风,而是对它们进行反思,以期得到更合理的观点。

如果认为在探究中，人们不应该发表或给出他们所持观点以外的理由将是一种误导。比如，有人会扮演"魔鬼代言人"（devil's advocate），故意反对某一主张，但如果这样做有助于检验这一主张，那么这种反对就是合理的。当然，这样做也有可能会让课堂变成一种儿戏。喜欢自相矛盾或经常持怀疑态度的学生，可能会给整个讨论过程带来不少乐趣，但他们必须知道，探究要推动所讨论事情的发展。

当一个建议在课堂上被普遍接受或反驳时，课堂外的其他人可能对此有完全不同的意见。教师要提醒学生注意这一点，以便细究更多方的意见。教师可以问学生，他们是否能想到有人可能会对这件事有不同的观点或者不同的视角，以此来提醒学生注意到这一点。如果这些都没起到作用，那么教师可以找出有争议的观点，并且让学生来思考。

这样就会有很多赞同或反对的意见。学生可能会说他们"有点"同意或不同意某人说的话，也有可能说他们"既同意也不同意"。如果是这样，学生就要说明他们认同或者不认同的是哪些方面。表示部分同意的学生可能是同情所提出的建议，但希望它在某些方面能够加以改进；或者他们可能完全同意这个建议，但理由却与之前给出的理由截然不同。同样，有不同意见的学生可能只是想表达些许不同的意见，或者强调不同理由的重要性。"既同意也不同意"的学生通常也是这样想的：他们可能认同提出的建议，但不认同给出的理由；或者他们可能赞同这个建议的某些方面而不赞同其他方面，因此想要改进它。

无论学生用何种方式来表达他们的赞同或反对，培养这种更细微的判断能力都是值得鼓励的。它代表着一种从"我是对的/你是错的"的心态向一种新的心态的转变，即我们可以通过寻找赞同和反对的方面，而不是通过笼统的判断，来获得更全面的理解和做出更合理的决定。

当你的学生学会仔细地探索他们的分歧时，他们就会养成在不诉诸很容易占上风的破坏性倾向的前提下处理分歧的习惯。言语辱骂、人身攻击、排斥和帮派暴力都涉及由不同的理解而产生的对抗性情绪因素。因此，学会在彼此尊重对方观点的基础上处理我们的分歧，并学会通过给出和听取理由来探究分歧对社会来说是一件紧急而迫切的事情。

举 例

举例是支持我们所说的一种熟悉方式，看起来不需要做过多的评论。即便如此，我们还是有必要思考一下探究中举例的各种用法，以及如何将例子的用法与学生所说的逸事区分开。

例子有时就是一种例证，是为了解释一个总的主张或者澄清一个概念而做的尝试。比如，在介绍了"标志性建筑"这一术语后，我可能会用悉尼歌剧院和埃菲尔铁塔来作为例证。我可以说，这两个建筑都是国家标志，都属于我所说的"标志性建筑"的例子——这样有助于清楚地说明我想表达的意思。当我们对课堂讨论中使用的术语不太清楚时，可以让学生举例说明他们想要表达的意思。

同样，如果我认为纪念性建筑是一种文化最根深蒂固的信仰和价值观的表达，我可能会举中世纪大教堂或者纽约前世贸中心的例子。在这里，我用例子来说明一个一般性观点，以便解释它的意思。再次强调，如果学生能够通过举例来说明他们的主张，这对他们的学习是十分有帮助的。教师询问班上的其他学生是否能补充更多的说明性例子，这也是十分有价值的。举例扩充了所讲内容的含义，有助于形成共同的理解。

事实上，我举的那些纪念性建筑的例子具有双重作用。它们不仅说明了我想表达的观点，也提供证据证明了我的观点是正确的。它们既例证了我的观点，又支持了我的观点。提供证据上的支持是引入例子的一个常见原因。如果有人说全球变暖是现实，他们就可能会引用南极冰架的融化作为证据。在这种情况下，冰架的破裂就是一个可以证明全球变暖的例子。

当把一个例子用作证据时，我们必须格外小心，因为它可能不是典型的或有代表性的。事物有时是这样，并不代表一直都是这样，我们要特别小心，不要让我们头脑中已有的例子先入为主，将我们带向错误的方向，它们可能只是看起来可以证实我们的观点而已。因此，当学生举例来支持某一主张时，有个非常有用的方法便是问他们能不能想到相反的例子。鼓励学生寻找反对某个主张的证据和支持某个主张的证据，其实就是在教他们学会批判性地评估主张。在适当的时候，我们需要提醒学生：对他们的主张进行批判性评估是探究的关键要求。

有时，一个相反的例子就足以驳倒一个主张。只要一个相反的例子就能否定某事经常是这样，或从不这样的绝对断言。这样的例子就叫作反例。反例是一种十分重要的思考工具。稍后我们将会详细介绍反例。

在课堂上，要尽可能地将宽泛或抽象的事物与学生的亲身经历联系在一起。这有助于让学生更好地理解他们正在讨论的事情，并鼓励他们在学习中思考自己的生活。从经验中举例是一种做出有意义联系的方式，应该被鼓励。

既然学生都参与到了探究中，重要的是，让学生通过分享经验来进行探究，而不是陷入其他形式的讨论，使我们偏离了探究目标。就从经验中举例而言，可能有必要问问学生，他们是在举例还是在给出证据，或者仅仅是在讨论中说出一些经历过的逸事而已。当然，有时这些逸事材料可以作为举例的基础，但重要的是，学生要明白到底只是在讲故事还是在举例。这是两种学生之间的区别：一种学生回忆起发生在他们身上的事情，然后简单地向全班同学讲述；另一种学生可以从自己的经历中举例，然后向全班同学讲述。

做出区分

做出区分是我们在探究中最常做的事情之一。当然，我们都能做出区分，但能够明确地做出区分是一回事，而理解区分的作用并学会有效地使用它们则是另一回事。

虽然有很多方法可以让我们学会做出区分，但我发现，给学生做类似于本节最后的练习是帮助他们培养正确思维方式的一个很好的方法。同样重要的是，要注意，这类练习只是用作一种补充练习，而不能代替讨论中做出的适当而有用的区分。

我们毫不费力地在不经意间就能做出区分。但是，有时我们无法区分重要事物的不同方面。这可能是因为这些差异很微妙或复杂，或者是因为我们所关心的事物通常集中在一起出现，抑或仅仅是因为我们习惯于散漫思考。关注做出区分中的各种过程，可以帮助学生应对更难的事情，批判性地思考其他人所做出的区分，并更加了解谨慎做出区分的必要性。

为了某些目的，我们经常需要将在许多方面相同或相似的事物区分开。我们也会对在看似毫不相干的事物之间做出区分的建议感到困惑。"让我们在鱼和自行车之间做出区分。"这句话当个笑话听还不错，用来培养创造性想象力也不错，但若较真回答就不太正常了。既然做出区分是划分相似事物的一种方式，我们可以找出某一共同方面的差异来进行区分。"红色和绿色是不同颜色"就有共同的方面——颜色。在颜色方面，我们想做出区分，就像我们会做出圆形和正方形属于不同形状的区分一样。

当然，说出我们想要区分的事物有什么共同之处并不总是那么容易。比如，入口和出口有什么共同之处？我们可能不能马上得到一个令人满意的答案，需要仔细思考一番。

做出区分是指在特定领域内确定事物不同的属性。下面再举一个简单的例子。我们说鹅卵石和巨石都是岩石，但它们在大小上有差异——大小就是相关的属性。鹅卵石是一小块岩石，而巨石则大得多。这是个简单的有关区分的例子。当然，确定区分问题中的属性远比这困难得多。假设有人让你区分堡垒和监狱。依靠什么属性做出区分并不是显而易见的。这是一种可能性：监狱和堡垒都是圈占地，都使得外围难以突破，但堡垒是为了防止外面的人进来，而监狱是为了防止里面的人出去。这样做出区分也是可以的。例如，我们也可以说堡垒保护着里面的人不受外面的人伤害，而监狱保护着外面的人不受里面的人伤害。

下面的练习是为小学中高年级的学生设计的，可以让他们学会注意区分事物所属领域和用以对事物做出区分的属性。例如，在区分刀和叉时，只说刀有刀片而叉有尖齿是不够的。虽然这是事实，但更完整的回答是，它们是在这些方面有所不同的餐具。当然，我们也可以通过其他方式来做出区分，比如，人们使用它们的目的不同。重要的是要记住，区分它们的方式并不只有一种。

你可以和全班学生一起举一些例子，然后让学生两人一组进行区分。让不同小组的学生对同样的例子进行练习是十分有用的，这样他们就能看到他们练习结果的差异。

> **做出区分：同而有异**
>
> 你能说出下列两对在哪些方面是相同的，在哪些方面是不同的吗？比如，哥哥和妹妹可以说有相同的父母，但是性别不一样。
>
> 1. 爸爸和妈妈
> 2. 拖鞋和鞋
> 3. 湖和海洋
> 4. 推和拉
> 5. 丘陵和大山
> 6. 鹅卵石和巨石
> 7. 隧道和洞穴
> 8. 入口和出口
> 9. 步枪和大炮
> 10. 堡垒和监狱
> 11. 房门和大门
> 12. 钉子和螺丝钉
> 13. 行星和月球
> 14. 真正的理由和借口

临界案例

概念探索中最有用的工具之一是临界案例。例如，如果我们想要思考什么是公平，那么考虑那些既不明显公平也不明显不公平的情况会很有帮助。

- 假设玛丽亚偷了你的东西,所以你也偷了她的东西。这是公平的吗?
- 罗伯特学习一直很努力,但他的成绩不好。这是公平的吗?

如果你将这些案例给一群 10 岁的孩子看,并问他们是否公平,你肯定会得到不同的回应。班里学生出现的分歧或不确定表明,他们集体对于公平的理解并不一致。因此,这样的案例会鼓励学生思考支持或反对将其视为公平的理由,这会让他们对公平的含义有更深入的理解。

我们甚至可以用一个临界案例作为激励因素,引导学生去讨论开放的智力性问题。考虑以下例子:下面这张照片呈现的是一只来自泰国北部的大象,人们教它学会了用鼻子举着刷子来画画。这样的画似乎不代表任何东西,但它们常常包含赏心悦目、色彩斑斓的图案,这让这些画看起来有点像一些艺术家的作品。在我拍摄这张照片的大象营地里,这些画正挂在一个写着"大象艺术"(Elephant Art)的牌子下出售。事实上,"大象艺术"在世界范围内都很有市场,大象的作品也被广为展览。

你认为大象画的画可以被视为艺术品吗?这些就是问题案例或临界案例,由此产生了许多问题,让我们去思考我们的想法。

比如:

- 大象知道它在做什么吗?大象画的画只是无意识的、机械的涂鸦吗?一个无意识的涂鸦能成为艺术品吗?
- 假设大象被训练的仅仅是来回移动刷子。这就能让大象成为艺术家,或者让其作品成为艺术品吗?
- 艺术品必须是由艺术家创作的吗?

- 创作艺术的非得是人吗？

如果让一个 10 岁孩子的班讨论大象的画是不是艺术品，他们很快就能提出这些问题，并开始讨论更普遍性的问题：什么是艺术？学生认为大象画的画是不是艺术品的理由可能可以为什么可以算作艺术提供标准。对于这些标准，学生可能不太确定，至少他们提出的一些标准肯定会有争议，需要仔细考虑不同的观点。但是，"什么是艺术？"这个问题并没有确定的正确答案。这是一个开放的智力性问题，可以给出许多不同的答案，尽管有些答案比其他答案包含了更深刻的理解。

通过这种方式去真正思考艺术的概念，学生将会尝试更加认真地思考什么是艺术，从而加深他们对艺术的理解。

这样的讨论可以通过一个小组活动——我称之为"地板游戏"（Floor Sets）——来展开。假设你准备了三张卡片，上面分别写着"艺术""不是艺术"和"？"。然后，将它们放在学生围成的讨论圈的地板上，一边放着"艺术"，另一边放着"不是艺术"，中间放着"？"。每个小组由三到四名学生组成，给每个小组分配一张卡片，上面写着临界案例，例如：

每个小组都有几分钟的时间来讨论要将这些卡片放在"艺术"还是"不是艺术"一边。如果他们不确定或者无法达成一致，就把它放在"？"下面。在他们仔细思考后，你可以让其中一个小组把他们的卡片放在他们认为应该放的地方，并说出他们这样做的理由。然后，你就可以开始引导学生讨论"什么是艺术？"这个问题了。在时间允许的情况下，你可以多问几组学生，收集他们给出的对于什么是艺术或什么不是艺术的理由。最后，你应该可以发现并讨论了一大堆关于艺术的理由。如果你愿意，你也可以将它们叫作"标准"，因为随着学习的推进，我们会更正式地向学生介绍什么是"标准"。

稍微思考一下，你就可以找到任何普遍而具有争议概念的临界案例。无论是美、善、公平、友谊、存在、邪恶、智慧、人格、欺凌、自由、权利、勇敢、种族主义、知识或其他你能想到的——所有这些概念都可以通过这种方式来探索。以下是关于我一开始提出的概念——"公平"的一些情况。

| 公平 | 不公平 | ? |

1. 玛丽亚偷了你的东西,所以你也偷了她的东西。
2. 奇在操场上捡到一些钱,并把它交给了老师。由于没有人来认领,老师就让奇自己留着。
3. 杰克逊拉着猫的尾巴,猫抓伤了他。
4. 没有人愿意承认打破了教室的玻璃,所以全班被罚去打扫校园。
5. 贝萨妮知道是谁打破了玻璃,但她不肯说出来,所以老师惩罚了她。
6. 尽管罗伯特学习一直很努力,但他的成绩不好。
7. 利娅不费吹灰之力便能写出精彩的故事。她获得了学校写作大赛的冠军。

目 标 靶

通过思考临界案例,我们可以发现许多概念标准,隐含地支配着我们对概念的应用,而思考更广泛的案例将帮助我们取得更好的进步。这些案例包括标准案例(paradigm case)、问题案例(questionable case)或临界案例(borderline case),以及我们所谓的反面案例(contrary case)和"疯狂"案例(crazy case)。

尽管我们在之前关于艺术的讨论中使用了大量的临界案例,但如果我们使用了目标靶工具,那么我们只需使用其中的一些案例——标准案例,如达·芬奇的《蒙娜丽莎》或者米开朗基罗的《大卫》;以及一两个"疯狂"案例,比如打喷嚏或者蜗牛的行动轨迹。然后我们试着把这些案例放在一个目标靶上,标准案例在靶心,临界案例在内围圈,"疯狂"案例在外围圈。这样可以帮助我们对所讨论的概念进行三角分析。

虽然临界案例可以帮助我们挖掘我们在运用概念时不自觉地使用的标准,但比较临界案例和标准案例通常也是很有帮助的。例如,假设我们正在讨论"活物"的概念,并将"种子"

看作一个临界案例。有人可能会说种子不是活物，因为它们在萌芽之前一直处于休眠状态。这就意味着如果某个东西处于休眠状态，它就不可能是活的。我们可以用标准案例来讨论这个建议。我们可能会问，是否有人能想出明显是活的（标准案例）但是在休眠的例子。如果我们能找到这样的例子，我们就可以说休眠状态并不能说某物不是活的。这可能会让人想到一只深冬时节冬眠的熊。熊是活物，但也在休眠状态。因此，单凭种子处于休眠状态并不能说种子就不是活物。

另一方面，一个特定的标准案例似乎具有临界案例中缺少的重要属性，且不会自动否定临界案例。有人可能会说，一只顽皮的小狗显然是活物，因为它总是到处跑。但也有一些标准案例表明，有的活物并不会像小狗那样四处窜动。比如，植物是活的，但是它们不能到处跑。所以我们要注意，不能只着眼于一个特定的案例。标准案例在很多重要方面都不尽相同，通过更广泛的调查探究，我们可能会发现某些属性对概念解释并不是十分重要。

"疯狂"案例之所以是疯狂的，是因为我们认为它们属于某一概念，但是又很显然不属于那一概念。比如，石头是活物，这就是一个"疯狂"案例。石头里可能包含活物，但它们自己不是活的。当我们试图解释为什么石头不是活的时，有一长串可能的答案浮现在我们面前：石头不老不死，它们不能生产会长大的小石头，它们不能从环境中汲取营养，等等。每个原因都是证明某物是活物的潜在条件。通过查找在这个石头的例子中所遗漏的信息，我们可以提出很多需要考虑的因素。因此，可以将"疯狂"案例早一点介绍给学生，作为让学生集思广益的一种练习。需要注意的是，"疯狂"案例的唯一目的就是让学生学会集思广益，而不是与人争辩"疯狂"案例是不是真实的。

对于某些概念，反面案例比"疯狂"案例更有用。例如，我们在探索"公平"这个概念时，提出一个"疯狂"案例可能是愚不可及的；但是，一个反面案例——一个明显不公平的案例——将能发人深省。然后我们可以问，为什么这是一个明显不公平的案例，我们的答案将再次产生一个暂定标准的清单，以界定我们关于"公平"的概念。对于"活物"这个概念，"疯狂"案例和反面案例则都可以使用。比如，这里就有一个简单的关于"活物"的反面案例——一块鱼肉。反面案例显然只局限于那些存在真正对立的概念中，如公平与不公平、生与死、善与恶、有识与无知、美与丑。因此，从一开始就注意你所讨论的概念是否属于这种类型是十分重要的。

与一般的概念一样，"活物"这样的概念也有一定的历史。

在这个案例中，科学知识的发展极大地影响了我们对什么是"活物"的理解。就像古代和原始的万物有灵论者一样，小孩子也很可能认为，所有的东西都是有生命的。他们可能一开始认为，所有会动的东西都是活的，后来又认为所有自发运动的东西都是活的，但只有在掌握了科学知识之后，他们才开始从新陈代谢和繁殖等生物学标准来考虑何为活物。同样，孩子们很可能会认为他们的脚指甲也是活的，因为它们会不断长长，后来（如果有）才学会把它们看作死细胞的堆积物。尽管通过传统课程内容的传授，让学生了解那些重要概念是一项重要的教育任务，但培养学生的概念性思维探究能力也很重要。目标靶是培养学生概念性思维探究能力的重要工具。

温馨提示：有时学生会争论某个案例是否具有特定的属性。例如，在讨论他们的头发是否是活物时（任何没有相关科学知识的人都可能认为这是一个问题案例或临界案例），你的学生可能会陷入一场关于构成头发的细胞是活的还是死的争论中。虽然讨论应该促使他们去寻找并核实权威信息的来源，但就探索"活物"这个概念而言，他们新获得的知识对他们并没有多大作用。他们可能认为他们的头发不是活的，因为它是由死细胞组成的。但是，这样并不能完全解释"活物"的概念。换句话说，目标靶是用在解释概念上的，而不是说明事实的。

因此，要当心陷入这类争论。

最后一个小贴士：一定要把学生所提出的标准都写在黑板上。随着讨论的进行，你可以随时对其进行修改或删除。对于更高年级的学生，你可能也要记下各种标准，比如，一个标准所包含的属性是否为：

- 必要的：任何符合这个概念的东西都有这个属性。
- 普遍的：标准案例尽管不是一成不变的，但都普遍具有这个属性。
- 充分的：拥有这个属性就能证明某物属于这个概念。

有时你甚至可以想到一组必要条件和充分条件可以让某物符合我们所讨论的概念。然而，在其他时候，你就不能这样做了，这并不一定是因为我们的讨论不能完成任务。许多概念并不能以那种方式进行合理的解释。就像哲学家路德维希·维特根斯坦（Ludwig Wittgenstein）关于"游戏"的概念所说的那样，符合我们概念的事物往往彼此之间只有家族相似性，我们应该寻找相似性或进行类比，而不是试图构建一个密不透风的范畴。

我将给你们留下一个关于"活物"概念的目标靶，这个概念对小孩子特别有吸引力，也被很多研究者研究过，其中包括著名发展心理学家让·皮亚杰（Jean Piaget），他在他的经典著作《儿童的世界概念》（*The Child's Conception of the World*）一书中也对此做过研究。我将一系列例子打乱放在一起，你可以请学生把它们放在目标靶上，并给出他们的理由，然后开始讨论。

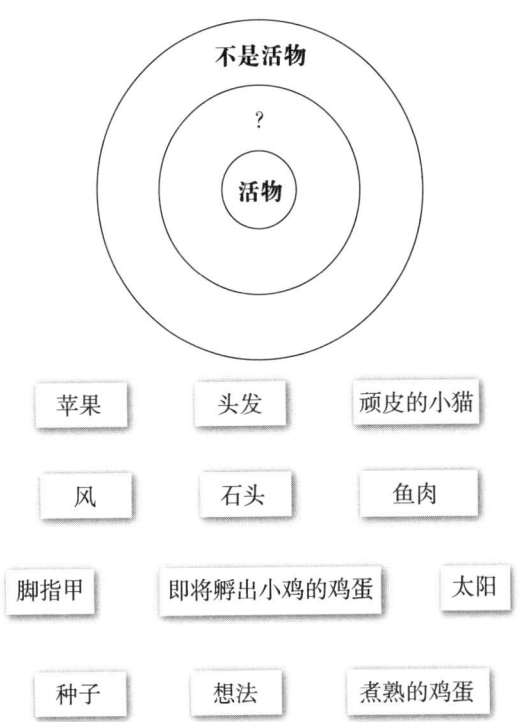

思想实验

检验某想法的一种方式是进行一项思想实验,也就是想象某个场景或情况,使我们能够用直觉来检验这个想法。例如,17 世纪英国哲学家约翰·洛克(John Locke)对人格同一性(personal identity)的话题很感兴趣,尤其是,是什么让你随着时间的推移还是同一个人。他认为,保持是同一个人取决于你意识的持续,而不是你身体上的持续。为了验证与我们的直觉相悖的这一主张,他让我们想象一个王子的灵魂进入了一个灵魂刚刚离开的鞋匠的身体。洛克说,身体里有"王子思想"的鞋匠和王子是同一个人,他对王子之前的所有行为负责,而不是对之前鞋匠的行为负责。当然,从外表上看,他是鞋匠的样子。但是,洛克说,这仅仅表明身体的存在与人格是不一样的;随着时间和环境的变化,我们需要区分同一个人和同一个人格的差别。

洛克的思想实验让我们想起了一个民间故事:一个英俊的年轻王子变成了一只浑身黏糊糊的老青蛙,只有被美丽的公主吻过后,青蛙才能变回王子。孩子很容易认为青蛙就是王子,这实际上与洛克的想法不谋而合。洛克认为，王子的人格不因时间、环境的转变而转变，因此，要将王子的人格与其被诅咒的身体区分开来。[此故事带有幽默转折的现代版本，可以阅读芭贝·柯尔（Babette Cole）的《顽皮公主不出嫁》（*Princess Smartypants*）。] 处于困境的内心深处的王子，却非常清楚他需要说服公主相信他的真实本性。当然，如果洛克是对的，英俊的年轻男子也不是王子人格的真正本质；但毫无疑问的是，随着时间的推移，公主会发现，他和王子从此幸福地生活在一起。

在任何情况下，这样一个故事都可以作为一个思想实验，帮助年幼的孩子检验他们初步的建议，也就是，随着时间的推移，生理和心理因素在维持我们作为人的同一性方面的的重要性。

虽然这些现成的思想实验可以帮助学生检验他们的想法，但也应该鼓励他们构建自己的思想实验。通常情况下，学生都会以这样的句子开始:"让我们想象一下……"或者"假设……",然后设想一个情景,提出一些与他们的直觉相悖的建议。

下面是六年级学生在课堂上讨论"价值"的一个例子。

> 洛雷娜:我认为生活中发生的一切都是有价值的,不论是好是坏。因为如果是坏的,那就是你的错,你也可以从错误中吸取教训。
>
> 柯林:我不这样认为。想象一下,你烧毁了自己的房子,房子里的每个人都因此殒命。这是有价值的?

在这里,柯林所提出的戏剧性情景挑战了洛雷娜的主张,即生活中发生的一切都是有价值的,不论是好是坏。"想象一下……",柯林编造了一个完全有可能发生的场景,在这个场景中,洛雷娜的主张似乎难以坚持。在这种情况下,柯林的简单思想实验也是洛雷娜主张的一个反例,这可能会鼓励洛雷娜考虑柯林的想法,并修改自己的想法。

下面是来自五年级学生课堂讨论的另一个例子。学生在讨论"说谎是可以接受的吗?"。马克斯觉得人应该一直说实话,因为说谎只会带来更多的麻烦。有的学生认为，有时候说一些"善意的小谎言"也无伤大雅，说不说实话要视情况而定。还有几个学生试图说服马克斯，他们觉得有时候人真的应该说谎——或者至少不要说实话，比如，在说实话可能会伤害别人感情的时候。其中一个学生是这样说的。

> 凯茜：马克斯，你想想，有个孩子喜欢你，你却不喜欢他，他满脸欣喜地问你想不想过来玩。你会对他说谎骗他吗？

就像柯林一样，凯茜也让马克斯在一个想象的情景里凭直觉回答。她认为，当马克斯仔细思考过后，他会发现，他的直觉答案和自己的是一样的。这是一个简单的思想实验，和柯林的思想实验一样，是对马克斯主张——我们永远都不应该说谎——的一个反例。

一起来看最后一个例子，这个例子拓展了我们对某些可想象的可能性的讨论，这些可能性可以检验我们对某些观点或主张的直觉性认识。一些四五年级的学生正在讨论是否有一座山，其山体的一半在地球上，一半在月球上。这个问题来源于一组旨在激发学生去想象无限可能性从而进行思想实验的问题。[具体参见《什么能发生，什么不能发生？"》（"What can happen and what can't happen?"），引自：Lipman & Sharp，1984。]

一些学生认为，他们可以想象一座山一半在地球上，一半在月球上，但有些学生说"不可能"。有个学生认为，这是可以想象的。他说："你可以想象一座大山，壮丽巍峨，直通月球。"马上有学生回应道："但这不可能是有一半山体在月球上，直通月球并不代表有一半山在月球上。""好吧，"对方回应道，"但你可以想象有座山坚固挺拔，从地球直通月球。"一番讨论后，这个学生补充道："那这座山就是个实心的轴。"另一个学生认为："它就像一个石笋和钟乳石连接成的圆柱。"但又有人问："那可能是一座山吗？""是的，"有人断言，"这有可能是座山，因为它是个圆柱。""但是，它没有顶。"提问者再答。教师问："山都有顶吗？"对此，学生意见不一。有个学生说："山没有顶，因为山会不断增高。"另一个学生回答说，尽管山在不断增高，但也总有个底吧。这还跟想象的山是一个竖轴还是一个圆柱有关。"山的底部在哪里？"

经过进一步的讨论，有人提出了山的一半在地球上一半在月球上的新的可能性。"你可以想象一下，"一个学生说道，"有座山从中间分开，其中一半被带到了月球上。"这个情形得到大家的普遍认可，但有人说："那这样就是两座山了——一座在地球上，一座在月球上。"教师问学生为什么这么说，学生回答道："这座山已经被物理性地分成两半了，所以是两座山。"其他学生提出建议：这是一座山还是两座山取决于我们如何看待一系列相似的情形，例如，如果有一栋建筑物的一半被移到了另一个地方，那么这是两栋建筑物还是一栋建筑物一分为二，处在不同的地方。讨论就这样一直继续着。

这种有趣的想象性思维就是一种概念探索。通过研究什么是可以想象的，什么是不能想象的，学生也在不断探索各自概念的可能性和局限性。

拇 指 法

（今天学得怎么样？）

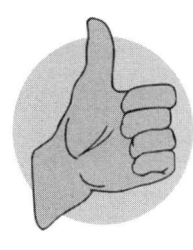

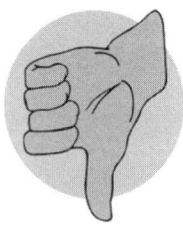

初级工具中的最后一个工具就是拇指法，旨在帮助学生反

思其探究，不仅反思其探究结果，也对其探究过程进行评估。因此，无论何时我们需要评估学生学习的进展时，它都是一种可以使用的工具，但在课堂上，它最常用来结束一节课。

它可以有一个或一系列的问题，每个学生用拇指朝上、拇指朝下或者拇指朝中间来进行回答。这意味着我们在某些方面的表现是好的、坏的或平淡无奇的，或者我们对讨论的问题持同意、不同意或悬而未决的态度。然后，教师和学生可以使用这些简单的指示作为起点，来探索个人评估和意见分歧，从而对探究进行反思——如果你愿意，可以对探究进行探究——以此作为巩固所学的手段，也指明进一步探究的方向。它还可以引导学生对他们实践的各个方面提出建议，从而作为自我评估和改进的工具，利用学生对他们过去行为的评估来指导将来的学习。

教师可以用拇指法指导学生去思考探究中的任何方面。它通常用于探究程序性方面和实质性方面的混合体——尽管区分两者有时是没有意义的。

- 程序性方面（procedural aspect）是指探究的过程或方法方面，比如，进行探究的一般顺序，议题的管理和跟踪，或者我们如何回答某种问题或使用某种工具。就学习而言,这里的重点是获得程序性知识——我们要做什么。
- 实质性方面(substantive aspect)涉及探究的主题,包括问题、所要应对的事情或难题、提出的建议、探讨的概念和达成的结论。在这里,我们关注的是各种话语知识(discursive knowledge)和理解——我们如何识别探究的结果。

在程序性方面,教师希望学生不要太过于争辩,学会轮流发言,并能够使用特定的工具,如探索概念等,以便帮助我们在回答某些问题时加深理解,或避免在提出和评估理由时思想太狭隘,而不去思考其他的可能性。教师可能会问这样的问题:

- 我们今天的讨论进行得如何?
- 我们学会使用反例了吗?
- 当我们需要探索概念时,我们经常这样做吗?
- 我们对其他可能性都有足够的了解吗?

在实质性方面,我们会想了解到目前为止学生从探究中学到了什么，也希望让学生注意我们在处理的某个问题的某些方面，强调一个独特的重要见解或发现，以及去进一步发现还需注意的问题。教师可能会问：

- 我们议题上的所有问题都是真正可探究的问题吗？
- 我们的讨论是否有深度？
- 我们讨论的问题是否有了满意的答案？
- 你对这样或那样的概念有了更好的理解吗？

当然，可以直接让学生总结他们从课堂上学到的东西，或者解释一个特定的概念，或者给反例下定义等。虽然这种方法可能是富有成效的，但拇指法是专为探究过程而设计的。它让学生表达自己的观点，并希望学生能够在探究过程中去证实他们的观点。由于学生在大多数情况下都不太可能对实质性内容达成完全的共识，拇指法能够让他们区分问题的不同方面，将已解决的方面与未解决的方面区分开，这能让他们集体取得进步，也能指明进一步的探究方向。

拇指法也可以为学生提供机会回顾他们在整个探究和特定工具使用方面的进展情况，以便促使他们不断进步，这是专为实现此功能而量身定制的。

通过反思形成的自我修正是探究过程的自然延伸。在课堂最后花几分钟时间思考一下我们在课堂上做了什么，可以帮助学生对他们的行为进行更多的反思，并学会在改进或纠正其行为方面承担起责任。如果在教师问今天是否有认真听讲时，萨莉的拇指朝下，然后她说，这是因为在她发言时，其他同学一直在自顾自地交谈，这样教师也会认可萨莉为拇指朝下提供了一个很好的理由。既然是学生（而不是教师）提出了这个问题，那么如何处理这个问题就可以回到学生自己身上，他们通常会提出明智的建议。这样，学生就可以参与到制定规则和管理课堂实践中来，而不是简单地让教师来制定和执行规则。

显然，使用拇指法提问的复杂程度会随着学生年龄和经验的变化而变化，而教师每次强调的内容则取决于学生的学习进度和特殊需求。教师可以只问一两个问题，也可以问好几个问题，这视具体情况而定。因此，以下列表只能进一步提示你可能会问的问题，在向学生具体提问时，还要进行仔细的判断、选择。

供反思的问题

程序性问题

1. 我们都好好听了吗?
2. 我们有借鉴彼此的想法吗?
3. 我们有寻找其他的可能性吗?
4. 我们有考虑不同的观点吗?
5. 我们是否合理地探究分歧了?
6. 我们对这种或那种思考工具的使用情况如何?
7. 每个人都有发言机会吗?
8. 我们总体上能保持进展吗?

实质性问题

1. 我们今天所提问题的质量如何?
2. 我们有想到什么特别好的主意或富有成果的建议吗?
3. 我们有仔细审视我们所使用的概念吗?
4. 我们提出的理由质量如何?
5. 在回答问题时,我们是否取得了进步?
6. 我们有解决任何重大问题或事情吗?
7. 我们是否加深了对任何重要观点的理解?
8. 是否还有需要解决的其他问题?

第二部分
中级工具

议题

反例

标准

概括

讨论地图

议　　题

之前我说过，探究始于有问题的情境，我们对此感到好奇、关心、怀疑、犹豫或困惑。当我们开始探究时，我们对该情境的兴趣会变得更加明确，促使我们提出各种问题，这些问题就为我们的思考和讨论提供了议题。有时，我们的议题限于一个分散的问题或特定的问题，而有时，它可能与若干问题相关联。

设定议题是确定我们探究的焦点和范围的一种手段。它也是用来确定探究过程顺序的工具。当然，当探究的涉及范围过于狭窄，或某项议题被一些特殊兴趣束缚住时，它就可以限制或控制探究的发展。撇开它在更大团体中的误用不谈，在设立和依照议题时，有几项任务值得我们注意。我们要识别、澄清以及安排好各种难题、事情或问题，在进行讨论时，我们要进一步阐释和调整我们的议题。

- **识别**（identification）：学生需要学会准确地识别出一个问题。这包括能够通过描述问题、给出例子，或将问题与其他事件或问题联系起来等方式来阐明问题。也要特别注意问题的特征有可能是不完整的、具有误导性的、带有偏见的或是以可疑的假设为基础的。我们需要认识到这些可能性，因为如果我们不明确认识某个问题或事物，探究是不太可能取得丰硕成果的。

- **澄清**（clarification）：难题对每个人来说可能都是很明显的，或者问题对每个人来说都是清楚明白的；如果是这样，就不应该进行探究，除非学生很想澄清一些事情。如果学生最开始提出的问题是含混的或有歧义的，教师应该让他们提供：
  - 更多细节；
  - 更有质量的阐述；
  - 措辞更精确的问题。

- **排序**（ordering）：如果一项议题包含许多条目，那么就需要好好地进行排序，而不是让它变成一堆乱七八糟的东西。这就意味着需要将问题分开，根据重要程度、主题或逻辑顺序将问题进行排序。

- **详细阐述**（elaboration）：经过进一步的思考，我们的问题或难题会被分解为若干个组成部分，或者我们开始提出的问题可能会导致一系列需要解决的子问题。当我们试图解决问题或回答任何复杂的问题时，通常都会出现这种情况。这意味着我们需要密切关注议题。当一个问题引出另一个问题，或者我们不断地研究一个问题的不同方面时，我们就很容易迷失方向。也就是说，我们需要根据展开的议题来描述或跟踪讨论。

- **调整范围**（adjustment of scope）：虽然我们要确保坚持我们的议题，但也必须做好在讨论过程中对其进行调整的准备。我们可能会发现，我们最初的想法过于狭隘，它只是我们需要处理的一个更宽泛问题或事情的一部分。或者，我们可能会发现，一些最初议题中的某些部分被否定了，因为它们并不像我们想象的那样与讨论主题密切相关。

我建议，将学生的提问作为课堂探究的一个必要程序，除非授课对象是非常年幼的孩子。议题是一个或一系列问题，它提出了一个难题、有争议的事情或者学生感兴趣的其他内容。当教师使用叙述型或其他复杂的材料来引发学生提问时，除非教师已经事先设定好总主题，否则学生很可能会提出各种各样主题的问题。无论如何，让学生对所提出的问题进行分组，并将它们组织形成不同的议题，这一点几乎肯定是必要的。要做到这一点，有个很简单的方法，那就是问问你的学生是否能看到所提问题之间的联系，并找出将它们联系在一起的难题、有争议的事情或主题。

当学生的建议获得认可后，我们可以采用一些方法来对写在黑板上的建议进行分组。下面是一个来自小学高年级课堂的例子，学生已经确定了由故事引发的几个议题。请注意，"成长"的议题从属于"改变"这个大议题，这表明学生对"改变"感兴趣，无论是在个人发展方面，还是在总体（形而上学的）层面上，他们都对改变是什么以及改变是如何发生的很感兴趣。

学生将问题分组

- ■ 1. 改变是如何发生的？（安杰拉）
- ●■ 2. 人是突然长大的还是分阶段长大的？（安妮－凯特）
- ▲ 3. 为什么大人认为孩子说的话不重要？（蒂姆）
- ■ 4. 什么是改变？（塞雷娜）

●■ 5. 人怎么能在短时间内就变了呢？（克里斯）

♥ 6. 为什么噪声也是一种污染？（梅洛迪）

▲ 7. 有人高别人一等吗？（汤姆）

●■ 8. 当你长大了，你看待事物的方式也会改变吗？（卡洛斯）

■ 9. 改变是动态的吗？（埃米莉）

★ 10. 你怎么定义"智力"？（米里亚姆）

▲ 11. 为什么大人对待孩子不如对待其他大人那般尊重？（亚伦）

▲ 12. 如果大人不知道尊重小孩子，那为何小孩子一定要尊重大人？（沙伦）

改变	成长	年龄与尊重	污染	智力
■	●	▲	♥	★

当以这种方式进行分组时，最初构成每个主题的问题可能需要进一步排序。例如，关于"成长"的话题，克里斯的问题与名为"离奇之路"（"Bizzy Road"）的故事最为相关（Cam, 1997a），在这个故事中，一个女孩突然变得更加精于世故，在情感上也更加成熟。克里斯似乎是在质疑改变是否可能瞬间发生。安妮-凯特的问题便由此引出——成长是突然发生的还是分阶段发生的。卡洛斯的问题是关于成长是否会改变你对

事物的认知的，它与长大是什么样子的，而不是它的发生速度有多快相关。提出问题，并结合自己的思考和经历，这些小学高年级的学生能够解决这些问题，这是一个自然发生的过程。

有时，议题可能是一个单独的问题，比如，米里亚姆的问题是关于如何定义智力的。然而，为了便于讨论，即使议题上有很多问题，我们可能最终也只能处理一个问题。汤姆的问题"有人高别人一等吗？"有很大的讨论空间，如果学生对这个问题特别感兴趣，那么坚持讨论这个问题也无可厚非。由于我们肯定会用好几节课来讨论提出的各种主题，如果有必要，我们可以从一开始就对我们的议题设置限制。

关于详细阐述和调整范围，教师可以在课间花些时间组织学生讨论一些后续问题，这些问题可能会帮助学生拓宽他们的讨论范围，或者更深入地探究某一话题的多个方面。我们可以将这种附加型问题称之为"讨论计划"（Discussion Plan）。虽然制订一份思虑周全的讨论计划需要耗费一定的时间和精力，但这绝对是物有所值的。它能让你就讨论内容进行更系统的提问，而你提问的深度将有助于引导学生进行更深入的提问和探索。比如，下面这个讨论计划是基于安妮-凯特的问题展开的。

> **讨论计划：成长**
>
> 1. 人是突然长大的还是分阶段长大的？（安妮 – 凯特）
> 2. 是年轻人身上发生的某些事情促使他们突然长大吗？
> 3. 你现在已经到了成长过程中的某个阶段吗？
> 4. 到哪个阶段人们才会完全长大？
> 5. 有没有永远长不大的人？
> 6. 基于我们目前的讨论，什么是"长大"？
> 7. 如果可以，你会选择像彼得·潘那样永远长不大吗？

反　　例

三年级一个班的学生已经开始读《艾菲》（*Elfie*，Lipman，1988b）这个故事，但还不清楚故事的中心人物是什么。艾菲是一个小女孩、某种动物，还是一个小精灵？

这就产生了这样一个问题："艾菲是什么？"以下是讨论的一个片段，我在这里几乎一字不差地转录了下来。

苏珊：我认为艾菲是一只兔子。

教师：为什么你认为艾菲是一只兔子呢？

苏珊：嗯，因为故事里说艾菲蜷缩成一团睡觉，兔子就是这样蜷缩成一团睡觉的。

罗宾：苏珊，那不能说明什么。

苏珊：我觉得这就能说明艾菲是一只兔子。

罗宾：不，不能说明，猫也是这样的，它们也蜷缩成一团睡觉，它们就不是兔子。

汤姆：我同意罗宾的观点，因为我也会蜷缩成一团睡觉，我当然也不是一只兔子。

我在观察班里学生的反应，也好奇教师在这个时候会做什么。很显然，教师对课堂探究还比较陌生，似乎不知道该说些什么。问了苏珊怎么看待罗宾和汤姆的想法后，他就直接跳过了。虽然这完全可以理解，但他错过了一个吸引学生注意推理的黄金时机。下课后，我建议他下次可以带学生再回到这个讨论中来。在我看来，罗宾和汤姆认为苏珊是这样推理的：

1. 艾菲蜷缩成一团睡觉。
2. 兔子蜷缩成一团睡觉。

3．所以，艾菲是一只兔子。

罗宾和汤姆的回答则表明，通过同样的推理形式，苏珊就一定得认为猫是兔子，汤姆也是兔子。比如，你可能会说：

1．猫蜷缩成一团睡觉。
2．兔子蜷缩成一团睡觉。
3．所以，猫是兔子。

很显然，猫不是兔子，那么苏珊的推理就是错误的。罗宾的平行推理（parallel reasoning）是苏珊推理的一个反例。这表明苏珊的推理方式是不可靠的，因为通过这种推理方式，我们有可能从真前提得出假结论。所以，苏珊的推理并不能证明艾菲是一只兔子。

还有看待这个问题的一种更简单的方式。苏珊在想什么呢？她似乎在想：如果有什么是蜷缩成一团睡觉的，那么它就是兔子。罗宾和汤姆的回答是这个主张的反例，他们证明了这个主张是错误的。

这给了我们两种定义反例的方法：

1．反例就是证明某一总的主张是错误的例子。

2．反例就是用与原主张相同的推理形式进行推理，来表明这种推理形式是无效的，因为在平行例子中，前提是已知为真的，但结论却是假的。（稍后我们将在"演绎推理"这一部分更正式地探讨这种推理方式。）

像三年级学生这样年幼的孩子也能学会提出反例。尽管相比于提出第一种形式的反例，他们会在提出第二种形式的反例时遇到更大的困难，但很明显，该班至少有一些学生能够直接举出反例，来说明他们认为错误的推理，因此我们没有理由认为，学生不能在一些简单情形下有意识地、慎重地提供一些所需信息。

练习有助于让学生学习举出反例，而教师要能够设置这样的练习。比如，以下两个主张就是可以提供给三年级学生练习举出反例的。他们要做的，就是找到没有该属性的例子。第一个例子的反例就是任何一种不会飞的鸟，例如企鹅或鸵鸟；对于第二个例子，我们可能会引用鲸鱼或海豚等哺乳动物作为反例。

鸟是一种会飞的生物。　　　　哺乳动物有两条腿或四条腿。

请注意,对于一个反例,我们希望提出的,是不具有概括中提到的相关特征的例子。因此,飞机就不是第一个主张的反例。刚开始接触探究的学生有时会产生混乱,所以要特别注意。

这里还有一些例子,可以帮助学生进一步学习如何举出反例。就像本节开头讨论的那个案例一样,要记住,我们需要通过平行推理,从已知为真的前提,得出为假的结论。

1. 加百列(Gabriel)有翅膀。

2. 鸟有翅膀。

3. 所以,加百列一定是一只鸟。

1. 索尼娅相信珠穆朗玛峰是世界上最高的山峰。

2. 知道某事就包括相信某事。

3. 因此,索尼娅知道珠穆朗玛峰是世界上最高的山峰。

提示:在第一个例子中,用"航天飞机"替换"加百列"。在第二个例子中,关于"珠穆朗玛峰是世界上最高的山峰"的陈述,你可以用一个索尼娅可能相信的却是错误的陈述来代替,比如,科修斯科峰(Mt. Kosciusko)是世界上最高的山峰。

标　　准

标准是我们在做出判断或决定时,或多或少起决定作用的一个理由。例如,在招聘时,面试官会根据一套标准来评估应聘人员,这套标准是面试官在对他们进行排名和任命时需要考虑的因素。如果有人质疑某一决定，准确地说，这可能只是因为这一决定没有符合他们认为的标准，或者因为他们对标准有不同的意见。当出现这样的争议时，我们会试着根据参考标准来证明（或修改）我们的判断，或者会试图证明或修改标准本身。因此，如果我们希望通过深思熟虑得到一个合理的一致意见，我们就需要将标准用作检查和参考的工具。

在适当的环境中，几乎任何东西都可以作为标准，一些常见标准类型的例子可能有助于阐释这个概念。

- **目标**（aim）：委员会有时会拒绝一些提案，因为这些提案不符合他们所代表的组织的目标。在这里，该组织的目标就是他们做出某个决定时的标准。
- **守则**（code）：俱乐部可能会实行某些着装守则。这些守则成了确定某些可接受着装的标准。
- **定义**（definition）：税务部门对应纳税所得额有一个定义，用来确定应纳税额。这个定义就是税务部门以防出现争议的标准。
- **证据**（evidence）：法庭将证人的证词作为判决的证据。经过审查和准许后，证人的证据是陪审团成员在做出裁决时的一项标准。

- **理念**（ideal）：评委们在猫展上根据猫的繁育、身体状况、性情和行为等理念来评奖。最接近这些评委评价标准的猫将赢得一等奖。
- **规范**（norm）：智商高于或低于100是衡量一个人智商高于或低于平均水平的标准。
- **政策**（policy）：保险公司可能会拒绝索赔，因为它们不在当时有效的保险政策承保范围内。是否在保险政策承保范围内是确定索赔的一个重要标准。
- **目的**（purpose）：制造商可以拒绝修理或更换损坏的产品，因为该产品是被用于与其设计目的不同的用途而损坏的。对该条件或标准的阐述无疑包含在制造商的保修单中。
- **规则**（rule）：棋盘游戏有特定的规则来决定棋子的走向。为了防止争议，玩家应该遵守这些标准。
- **水平**（standard）：营养师使用推荐饮食摄入量表来评估饮食。这些摄入水平为营养师提出饮食建议提供了标准。
- **可测试性**（testability）：根据哲学家卡尔·波普尔（Karl Popper）的观点，我们可能会采用这样的标准，即看一个假设是不是科学的，就是看它是否具有可测试性。
- **测试**（test）：医学实验室对标本进行测试，以协助医生诊断病人。呈阳性的测试结果是形成医生诊断意见的决定性因素。

在做出判断或决定时，标准可以通过各种方式起决定性作用。其中，以下是最重要的方式。

- **标准可以是一个必要条件**。标准可以是一个重要或必要条件，任何不能满足这个标准的事物都不能被归类为某类事物或者被以此种方式评估。比如，如果信念不是真的，就不能被认为是知识。为真是信念成为知识的必要条件，因此，满足这一标准是必要的，只有这样，我们才能说信念是知识，而不能仅仅相信某件事确实如此。
- **标准可以是一个充分条件**。标准可以是做出某个决定的充分条件。例如，除了 2 之外，是质数是成为奇数的充分条件。满足这一标准的数无疑是奇数。（但是，要注意，是充分条件不能保证它是必要条件，有很多数是奇数，但不是质数，比如 9。）

- **标准可以是一个充分必要条件**。一些哲学家认为，支配我们概念运用的标准是确定某件事的条件。按照这种理解，标准就是充分必要条件。例如，在法庭上被判有罪的标准是该判决的宣告内容。对于判决有罪而言，判决宣告内容既是必要的，也是充分的。因此，判决宣告内容就是我们在判决时使用的标准。（值得注意的是，在判决有罪的情况下，陪审团必须在判决下达前就找到被告有罪的证据。不然，不能判决其有罪。这说明了一个事实，即事物的标准不是事物本身，而是我们用来确定事物的方法。）

- **标准可以是一个非常可靠的条件**。有时，我们会将在做出判断或决定时通常依赖的因素视为标准。在这个术语的广泛使用中，自然标志和显著特征等都可以被视为标准，因为它们是非常好的一种指示。例如，某溶液会使石蕊试纸变红，这就是该溶液为酸性的可靠标志，因此，我们就把它作为实验室中确定酸存在的一个标准。

- **标准可以是一个理想的条件**。当涉及评估性判断时，我们有时也把理想的条件作为标准。我们所说的"理想的"(desirable)并不是指"完全理想的"(wholly desirable)。在某些情况下,"完全理想的"条件相当于一个必要条件,但我们所说的"理想的"条件是在某种重要程度上我们想要的条件。例如,在发布招聘广告时,除了那些必要条件,我们可能还会列出那个岗位所需的理想的条件。这些标准尽管公认度较低,但也是标准。

绝对判断与相对判断

标准是用于做出描述性判断(descriptive judgement)和评价性判断(evaluative judgement)的,它们在本质上要么是绝对的,要么是相对的。这就衍生出四种判断:

- 绝对描述性判断
- 相对描述性判断
- 绝对评价性判断
- 相对评价性判断

因此,我们可能会认为某种行为是有影响力的,比其他行为的影响力更大；某件事是完全不公正的，比其他事情更不公正。

绝对描述性判断依赖分类标准，由此形成了分类的基础。例如，对于某种哺乳动物来说，它应该属于满足某一分类标准（如恒温动物、脊椎动物、哺乳幼崽的动物等）的某类动物。至少就目前的目标而言，我们可以认为这些标准基本上是可以定义某一事物的。

那些用作相对描述性判断基础的标准，让我们也会想起在某种程度上与之相关的其他标准。当我们说 X 船比 Y 船更大（桅杆更宽或浮力更大）时，我们的判断标准至少是这些隐含标量。为了判断 X 船比 Y 船大，就把它们放在某种尺度上以让我们能够比较它们的长度或吨位，或者是用我们头脑中某种隐含的、模糊的尺度对它们进行判断。尺度表可以是简单的或复杂的，粗糙的或精确的，定性的或定量的，但在所有这些情况下，我们都会依靠这些"标量"（scalar）标准进行判断。

不得不承认的是，这种简单的划分方法也存在很多例外和异常情况。例如，关于家庭关系的判断，比如，X 是 Y 的表兄。X 要想成为 Y 的（第一个）表亲，X 必须是 Y 的母亲或父亲的兄弟或姐妹的孩子。（你能理解吗？）在这种情况下，标准就是关于表亲的定义，如果 X 和 Y 是表亲，那么他们就必定符合这个定义。既然这个标准是定义性的，我们就可以认为这个判断是绝对的。然而，"表亲"不是一个标量概念，而是一个关系概念。因此，我们可以说，关于"表亲"的判断是相关的，而不是相对的。（所以，我们称表亲为亲戚——与我们血脉相关的人。）

再来看看商场上对中号鸡蛋的分类。虽然母鸡下的蛋有一个自然的重量范围，有些鸡蛋的重量处于这个范围的中间，将这些处于这个精确范围的鸡蛋称作中号鸡蛋，其实就是为了更好售卖所制定的一个分类标准。这是一种强加于鸡蛋自然大小的传统分类方法，因此，这种分类标准应该会得出一个绝对判断。当然，既然有了"中号"鸡蛋，就说明一定也有"大号"鸡蛋、"小号"鸡蛋，"中号"是一个比较的概念。这些例子是十分有趣的。通过在重量刻度上指定一个"中号"鸡蛋的标准，我们已经把一个比较标量的概念变成一个可以用来做出绝对判断的概念。

绝对评价性性判断和相对评价性判断的标准也是如此。假设彼得坚持认为 X 行为在道德上是对的，Y 行为在道德上是错的，而葆拉认为 Y 行为只是比 X 行为在道德上更不容易被接受。彼得的评价是绝对的，而葆拉的评价是相对的。让我们再假设彼得和葆拉都同意，做出他们这样的评价性判断的相关标准就是快乐最大化和痛苦最小化,他们也都同意,X 行为做到了快乐最大化和痛苦最小化,而 Y 行为在这方面稍差一些。然而,他们以不同的方式看待这个标准,彼得认为"快乐最大化和痛苦最小化"是对正确行为的定义,而葆拉则认为这个标准是我们用来衡量行为促进幸福的尺度。彼得和葆拉对这个例子事实方面的看法是一致的,但他们不同的观念产生了不同的评价性判断。

有些标准自然地倾向于支持绝对判断或直言判断[1],而有些则倾向于支持相对判断或比较性判断。回到我之前举的那个例子,我们会断然否定某些事情,因为它们与我们的目标、规则、政策、法则不一致。尽管这类标准通常会认可一些临界案例,例如,对于某件事是否违背了政策或规则的界限模糊不清,但政策和规则的本质就是要尽可能地做出明确的决定。它们为绝对判断提供了依据。相比之下,在决定购买哪种产品或相信谁时,我们通常需要做出比较性判断,我们所依据的标准通常就是我所说的标量。每种产品有不同的用处,我们要将其进行对比和衡量。如果找不到一种绝对理想的标准——就像我们说的,具有无可比拟性——或者找不到确切的证据来证明谁

---

[1] 直言判断(categorical judgement),也称"性质判断",是断定思维对象具有或不具有某种属性的判断。——译者注

是对的，我们的判断将依赖某种程度上的标准。

现在，你可能已经形成了正确的观点：标准的处理可能是复杂且棘手的。我们只期望那些中学高年级的学生可以学会审视他们的标准，并根据我之前提出的那些方法有意识地去运用。然而，标准隐含在所有判断和决策中，因此，对我们而言，学会正确使用这些工具十分重要。即使在小学低年级，教师也完全可以让学生明确他们在使用某些概念或进行比较性判断时所默认使用的标准。我们可以先让学生列出一个"标准"列表，而不用考虑充分条件、必要条件这类问题。然后，我们可以向年幼的学生介绍绝对判断或直言判断与比较性判断或相对判断的区别，以此为学生奠定基础。

后面将有一个练习（改编自 Cam，1993b），这是为小学中高年级的学生设计的，旨在帮助他们找出并讨论他们用来判定"偷窃"的标准。这是一个有关概念探索的练习，要求学生通过思考一些简单的情形来明确"偷窃"的标准。有时，学生会对有些情形做出"视情况而定"的回应，但这也没关系。一旦他们明确了该情形的依据和原因，他们将再次提出一个暂定标准。

教师应制定一份建议性标准清单，一旦学生提出了一个标准，就将其写在清单上，以便对存在的任何难点或异议进行讨论。这个概念探索可能包括讨论意图、允许、所有权和不诚实等对于判定某种行为为偷窃所起的作用。通常，我会让全班学生都参与到这个讨论中来。

练习：偷窃

以下情况属于偷窃吗？请给出你的理由。

| 属于 | 不属于 | ? |

1. 你借了某个东西，但是你忘了还给别人。
2. 你借了某个东西，但是你永远都不打算还给别人。
3. 未经别人允许，你就用了别人的东西。
4. 你拿了某人不想再要的东西。
5. 你把属于别人的东西赠送了出去。
6. 你在考试时作弊，抄袭了同桌的答案。
7. 你知道班上有同学丢了东西，而你将那件东西收入囊中。
8. 你拿了别人的东西，误以为那是你自己的。
9. 邻居树上的果子越过了你家的篱笆，你从树上摘了果子。
10. 你偷偷地吃了一大口你小妹妹的复活节鸡蛋。

概　　括

概括经常被人们认为是否定性的。对于那些说话笼统的人，或者那些倾向于做出一知半解、草率概括的人，以及习惯用偏见去看待他人和情况的人，我们通常会持批评态度。这样的概括当然也是很恶劣的，任何有社会责任感的教育体系都应该抵制这种概括背后的思维习惯。

然而，概括也是通过学习过去的经验去理解这个世界的一种重要方法，即从经验中汲取反复出现的那些模式，用于应对未来的情况。没有概括，我们就会陷入无穷无尽的个案中，就不会对我们的世界有系统的认识。概括包含了关于法律和规则的正式表述，这些法律和规则有助于指导我们的行为，告诉我们道德和社会的范围，以及指导科学探究和技术发展。这样的指南是从过去的成功和失败经验中积累起来的智慧，来之不易。

从教育方面来讲，我们希望学生做出的概括是言之有理的，而不是毫无根据的。也就是说，他们要习惯于寻找证明某个概括言之有理的理由，并参与到评价这些理由的过程中。然而，为了做到这一点，学生首先需要意识到什么时候要做出概括，并清楚要做出什么样的概括。让我们一起来看看下面的言论。

> 约翰尼：狗比猫更适合做宠物。
>
> 艾利森：移民的孩子英语说得不好。
>
> 威廉：行星都是固态的球体。
>
> 埃米莉：鱼不能飞。
>
> 何敏：说谎是不对的。

以上言论都属于概括性陈述，它们是关于某组或某类事物的陈述，而不是关于某一特定事物的陈述。例如，约翰尼把狗和猫作对比，而不是将狗狗菲多和猫咪弗拉菲进行对比。如果有必要，你可以设置一两个练习，让学生从关于细节的陈述中选出概括性陈述，以确保他们了解其中的区别。

这样的概括性陈述通常隐含着"所有 X 都是 Y"或"没有 X 是 Y"的形式。例如，威廉的主张是一个隐式的"所有"（All）陈述，而埃米莉的主张很自然地就被解释为是"没有鱼能飞"的"没有"（No）陈述。大多数人可能会认为何敏是在暗示"说谎都是不对的"，使她的言论成了一个隐式的"所有"陈述。

我们能分析一下约翰尼和艾利森的主张是"所有"陈述还是"没有"陈述吗?如果要做到这一点,我们就需要问一下,他们说的是什么意思。约翰尼的意思是说狗总是(always)比猫更适合做宠物,还是说狗一般(usually)比猫适合做宠物?艾利森的意思是说没有(no)一个外来移民的孩子英语说得好,还是说几乎(almost always)是这样,或者通常(generally)是这样?当我们面对概括性陈述时,特别重要的是,要弄清楚那些令人疑惑的陈述是否可以解释为"所有"陈述或"没有"陈述,或者是否应该用"几乎""通常"或其他什么范围做出限定。这是澄清问题的第一步,可以帮助学生减少不少困惑,也可以帮助他们更批判地品读、更认真地思考他们所说的话。

一般来说,这种概括性陈述是由所谓的"归纳法"(induction)形成的。也就是说,概括性主张是从个人经验或其他学习对特定情况的认识中推断出来的。威廉可能是因为知道地球是一个固态的球体,火星也是,所以他就认为所有的行星都是这样的。埃米莉基于之前对鱼的认识,所以她认为鱼不能飞。(题外话,所谓的飞鱼是因为它会飞吗?)

在其他情况下,一个主张的基础不太可能是归纳,或者至少不是提出主张的人所做的归纳。比如,当何敏说"说谎是不对的",很显然,她只是在说一个她从小就被教导的行为规则。

即使这一行为规则与我们说实话和说谎后果的集体经验有一定的相关性，那也不太能成为她的依据。尽管如此，学生还是可以很容易地举出大量的例子，可以证明说谎是不对的，这就是归纳概括。

检验某个概括的一个标准方法就是找出反例。比如，如果何敏的意思是，说谎总是错的，那么我们可以通过提出一些说谎不一定是错的情况来检验她的主张。例如，如果说实话会造成很大的伤害，那么说谎也是错的吗？要是说谎能挽救一个朋友的性命呢？这样的问题在很大程度上都属于反例，都可以引导修改某个观点。同样，一些学生可能会举土星或天王星（气态行星）的例子作为威廉主张的反例，或者有人会提醒艾利森，何敏就是一个英语说得很好的移民孩子。

反例就可以推翻"所有"和"没有"类型的概括。其他类型的概括可能需要通过各种其他方法来进行验证。我们要收集证据，或者弄清楚我们的观点是否符合专业人士的观点。有时，一个思想实验就可以帮助我们揭示某个概括为真还是为假。比如，如果何敏认为说谎通常都是不对的，我们就可以问：如果人们普遍说实话都没人信，我们的世界会变成什么样子？那么世界会朝着我们不喜欢的方向发展吗？这样的世界就能充分证明"说谎通常都是不对的"吗？

讨论地图

探究就是由问题情境开始，然后经过一系列系统的探索活动找到解决方案。从学生的角度，我总结了探索的一个大概过程：

1. 提出、分析、组织和挑选探究性问题。
2. 就问题中的任何方面提出其他可能解决方案的建议。
3. 通过推理和概念探索，得出这些建议的蕴涵意义。
4. 对比并评估各种建议，以形成合理的判断或解决方案。

这只是基本模式，实际的探究过程在重点和细节上会有所不同。无论探究的实际形式如何，追踪探究过程都是至关重要的。人们很容易就会忘记是什么引发了他们的讨论，或者他们的讨论应得出什么结果。我们会忘记自己正在讨论一个特定问题，转而去思考一些其他话题，而这些话题与我们最开始的那个问题似乎并没有太大关系。我们可能会因为某个建议而陷入争论之中，忽略了我们所提出的其他重要的可能性。事实上，我们纠缠在我们的探究主题中，以至影响到探究的情况是始终存在的。讨论地图这个工具可以帮助我们避免这类情况。

虽然绘制讨论地图没有一个固定的模式，其中的细节也会随着智力探究范围的变化而变化，但讨论地图总是能够反映出探究模式。因此，我们只需要知道探究的基本模式，就可以绘制出一般讨论地图的大致轮廓，它也是按照问题、建议、推理、分析、评估和总结的顺序。具体来说，就是从一个问题引出建议，再到与其相关的含义和隐含的意思，再根据相关标准做出评估，最后对整个事情形成最终的判断或结论。

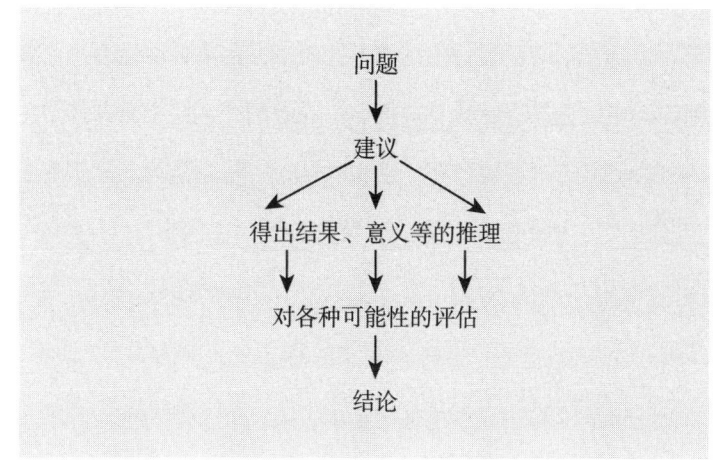

当然，特定主题的讨论地图可能只涉及这个过程的一部分，它也可能会忽略整个探究过程中的各种细节和次要探究话题，只记下较为重要的结果。

在前面，我举过这样一个例子，一个中学班级的学生决定探究以下问题："什么使得一种行为是公平的？"当时，经过一些初步讨论后，班里学生分成了几个小组，每个小组都要以"一种行为是公平的，如果……"这种形式写下一个简短的回答。大多数小组对他们的简短回答应包含哪些内容进行了深思熟虑的讨论，提出了不同的建议，并且会因为提出了其他看起来更好的建议而放弃某些建议。

由于这个活动要求每个小组都能给出一个答案，所以它实际上是在邀请每个小组进行一个快速的小型探究，并至少得出一个他们经过深思熟虑后的结论。然而，这些小型探究的细节没有被记录下来，尽管提出的一些想法在后来的讨论中毫无疑问会再次被提及。在这个阶段，讨论地图只包含了问题和学生的初步回答，这些经过初步考虑的结论会成为建议，需要在小组进行下一次探究时做进一步的检验。

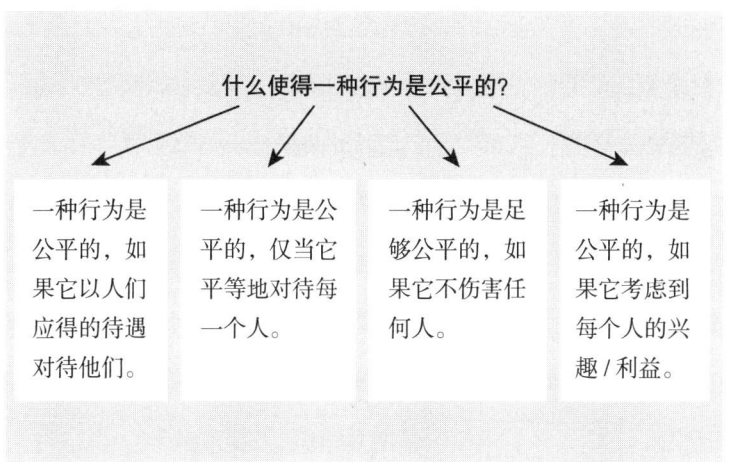

在之前列举的另一个小组讨论案例中,一些小学中年级学生提出了这样一个问题:"奔异兽真的存在吗?"有个小组搜集了不少理由来证明奔异兽不存在。在这个案例中,学生进行了有效的推理,他们说,如果奔异兽真的存在,那么:

1. 我们就能看到奔异兽的照片。
2. 应该有关于看见过它们的报道。
3. 它们就不会在不同的书里被描述成不同动物的样子。
4. 它们就不会有一个虚构的名字。

因此,缺乏照片和报道、描述的不同和奇怪的名字都能证明奔异兽不存在。然而,这组学生实际记录下来的,只是展示给全班同学的这些理由清单。这种书面记录也应该被看作讨论地图的一部分,其中应该包括其他小组给出的关于奔异兽是否存在的理由。如果要进行真正彻底的探究,那么在收集所有理由并加以综合评估之前,是无法得出最终结论的。即使我们考虑并评估了所有的理由,我们可能最终得到的也只是一个广泛的共识,很难取得所有人的一致同意。

奔异兽存在吗?
奔异兽不存在
- 没有奔异兽的照片
- 没有关于奔异兽的报道
- 不同书里的奔异兽都长得不一样
- "奔异"听起来像一种蔬菜的名字

有时,一些次要探究也必须被记录在讨论地图中。一个明显的例子是,当你准备用某个概念来回答问题时,这个概念要经过检验。让我们一起来看看最后一个例子。在下面这个例子中,学生是以这个问题开始的:"偷东西怎么可能是对的?"但他们几乎立刻转到了次要问题:"什么是偷窃?"全班学生用我在"标准"一节提到的关于偷窃的练习,一起探究了这个问题，教师把他们讨论的要点写在了黑板上。(顺便说一下，在更高年级的班上，学生完全可以胜任课堂讨论内容记录者的角色。)写在黑板上的内容是讨论地图的一个重要部分，当学生返回讨论最初提出的问题时，可供他们参考。

> 偷东西怎么可能是对的？

什么是偷窃？

建议

- 故意拿走不属于你的东西
- 未经允许拿走别人的东西
- 在别人不知情的情况下拿走别人的东西
- 不诚实地拿走某些东西

标准

是故意的，涉及财产，未经允许，通常是秘密的，不诚实的

结论

偷窃是指在未经允许的情况下，通常也是在主人不知情的情况下，故意地、不诚实地占有不属于你的财产。

第三部分
高级工具

事实、价值与概念

演绎推理

推理图

假设

分歧图

事实、价值与概念

探究的问题多种多样。有些问题是关于事实的——我们有些了解的事实或者存有争议的事实；有些问题是关于价值的，特别是关于适当行为的不确定性或存在的分歧；还有一些问题是关于推理的充分性以及概念之间的联系的。探究性问题也可能是上述问题的综合，如果不先对它们进行分类，就无法很好地解决这些问题。在继续讨论这些复杂的问题和建议之前，让我们先来更详细地了解一下这些不同类型的问题。

事实型问题

科学是探究事实型问题最为可靠的程序。系统观察和记录的程序、实验技术、实验方法、数学建模、统计分析和所有的定量方法为科学探究提供了强大的预测和解释能力。

然而，在本书中，我们关注的不是科学探究，而是试图在不依靠科学的社会和智力背景下，发展一种探究观，并让日常判断和决策增加几分智慧和严谨，但这并不意味着我们不能从科学中学到东西。相反，我们对探究过程的概括在许多方面都是以科学为模型的。但就我们目前所关注的课堂探究中出现的问题而言，都是关于事实型的问题，学生不太可能使用复杂的经验方法来解决这些问题。解决这类问题更常用的资源是课程中呈现的事实型信息、课堂中的一般性知识和学生的个人经验。这些都是为学生准备好的证据资源，尽管学生在使用时要特别小心谨慎。

学生能区分什么是自己肯定能回答的、什么是自己回答不出的事实型问题十分重要。这在一定程度上与学生学会判断证据的价值以及学会谨慎地从中得出结论有关。然而，许多学生都会为他们显然无法解决的事实型问题争论不休，教师可能需要提醒他们，要避免这种冗长和毫无结果的争论。即便如此，我们也不应完全放弃自己的推测。例如，形而上学领域似乎处理的是关于事实的推测性问题，在这些问题上，人们总是进行着无休止的争论。比如，关于上帝是否存在、心身关系以及在一个决定论的世界中是否存在自由等传统问题，看起来都是事实型问题，虽然哲学家和神学家似乎也无法解决这些问题。这些问题对很多人来说都很重要，学生也有可能会想到这些问题。对于这样的问题，学生无法得到一个肯定的答案，但并不意味着这样的问题不值得讨论。因为这些问题长期存在，我们应该重视合理的分歧并对这些问题保持一种谨慎思考的态度，而不仅仅是对它们深信不疑。

价值型问题

价值型问题也是多种多样的，包括伦理问题和美学问题，但总之是所有的偏好问题，对此，我们可以持"赞成"和"反对"态度。有些价值型问题不能用来探究，因为一个人喜欢什么、不喜欢什么是没有理由的。比如，有的孩子喜欢香草味冰激凌，有的孩子喜欢巧克力味冰激凌；有的人喜欢颜色鲜艳的衣服，有的人喜欢柔和的穿着。虽然如此，还是有品味高低的存在，而品味是可以后天培养的。所以，我们要区分出什么是没有理由的偏好、什么是需要思考和反思的偏好。后者更易于探究，并能帮助我们培养出更好的品味和较为成熟的审美。

伦理问题是在课堂上进行价值探究的主要激发因素。事实上，合作探究可以成为道德教育的一个工具。让学生共同探讨伦理问题，共同思考有关品格和行为的各种问题，可以丰富学生对伦理的理解。他们会学着运用自己的智慧去应对道德困境，思考在道德争辩中原则和后果的作用，并更深思熟虑地做出道德判断。由于其合作性，这样的活动也可以更直接地培养和增强学生的道德行为。例如，学生学习相互倾听，培养互相信任和尊重，使他们能够说出自己的想法，并探索他们可能具有分歧的观点，其实就是在培养他们道德方面的能力——社会品性和人际交往能力。因此，让学生参与合作式道德探究活动，可以培养学生合理处理道德类主题的能力，形成良好的道德品性。

概念型问题

正如事实型问题关注的是事物的实际情况，价值型问题关注的是我们应该如何看待事物，逻辑和概念型问题处理命题之间的关系以及思想之间的区别与联系。当然，后者之间的关系在很多方面都能解决前者之间的问题。错误的概念可能会歪曲事物，错误的推理也可能会给人错误的暗示，我们可能无法区分实际上截然不同的事物，也无法区分什么是根本不存在的事物。然而，逻辑和概念的关系也可以决定事物的立场。我们进行推理是为了了解或重建我们的世界，我们根据自己的想法来安排事情，我们也根据自己的理解、按照自己认为恰当的方式行事。客观关系、我们的能动性、我们的推理和概念之间的相互依存是探究的核心。我们最终是依靠我们对真理的推理和我们的理解来恰当且高效地达成我们的目的的。

因此，为了一些特别的目的，是否应该区别看待某些事情，或者通过什么标准将某些事物归于某一特定的范畴，又或者我们是否可以基于某些理由或证据提出某一观点，这些问题在探究中经常出现，我们应该予以高度重视。

给问题分类

一旦我们确定了这些问题，就要通过两个基本步骤来给它们进行分类。

首先，我们需要确定某个给定的问题主要是事实型问题、价值型问题还是逻辑或概念型问题。我说"主要是"，是因为，正如我之前所说，问题有可能是混合型的，我们马上就会讲到。这个问题似乎有点像旧时的猜谜游戏：问某物是动物、植物还是矿物。如果在这类游戏中，某物是一个数字，那该当如何？数字不属于这三类中的任何一类。那么，我们能确定所有的问题都属于事实型、价值型或概念型问题中的一类（或多类）吗？对于可以通过借鉴实际或可行的经验，通过收集证据，做实验，运用理论、标准、规范，或者通过推理得出答案的问题，就可以这样进行分类。如果这些都不能帮助我们找到问题的答案，那很显然，通过探究也无法解决这类问题。问某个问题是事实型问题还是价值型问题在哲学上显得有些自负，因为它假设价值不是事实，并且二者之间有着明显的区别。然而，这些分类都不是预先设定好的。我们可以区分这些不同类型的问题，而不用担心我们面对的是不是不同类的事实或不同类事物的混合，或者这些区分是不是泾渭分明的。

其次，在确定某个问题是某类问题这个首要问题后，我们要确定它是否包含或者会引起其他种类的问题。比如，对于"动物会思考吗？"这个问题，虽然我们可以认为这主要是一个事实型问题，但如果不先讨论什么是"思考"这一概念型问题，我们就很难开始回答这个问题。如果我们想知道动物是否能做某件事，那么首先我们要清楚那件事是什么。所以，这里还有一个关于概念的子问题，也就是"我们说的'思考'是什么意思？"或者"思考是什么？"的问题，就像我说的，这里有一个逻辑顺序，我们最好先解决这个问题。

有时候，概念型问题并不需要我们对宏观的概念进行深入的探索，我们只要澄清这些概念，用词更谨慎恰当些就可以了。例如，在"动物会思考吗？"这个问题上，有人可能会建议我们最好也弄清楚我们所说的"动物"是什么意思。毕竟，我们不能仅仅因为人是一种会思考的动物，就直接得出"动物会思考"的结论。不过，提问者可能是想问"非人类动物会思考吗？"，并准备相应地修正这一表述。即便如此，我们也需要进一步的说明，这个问题问的是"非人类动物都会思考，还是它们中的某些动物会思考"呢？无论如何，只要有探究需要，就应当对各个问题做出说明。

在黑板上写出问题类型、任何修正意见或子问题都是很有用的方法。比如，对于我举的这个例子，我会在每个问题后面加上 F 或 C，F 表示事实型问题，C 表示概念型问题：

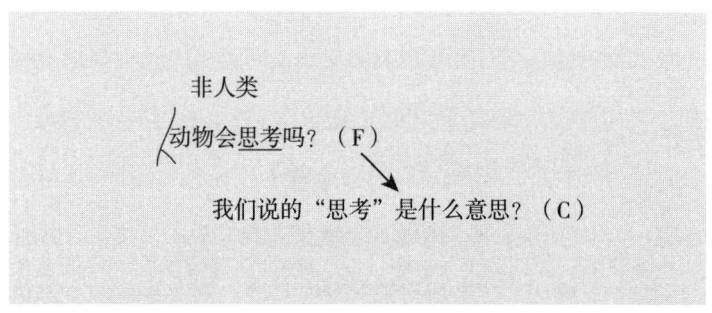

下面是一个关于给问题分类的练习，适用于中学高年级学生。对于其中一些问题，教师自己用来练习也是大有裨益的。

给探究性问题分类

我们可以将探究性问题大致分为三类：
- 事实型问题
- 价值型问题
- 概念型问题

简而言之：
- 事实型问题是可以通过揭示或收集恰当事实来回答的问题。
- 价值型问题要求我们去思考什么能证明某些价值观或偏好是合理的。
- 概念型问题问的是我们通过某些词语或概念会了解到什么内容。

有时，探究性问题主要是一种类型的问题，有时也会涉及另一种类型的问题。例如，尽管"动物会思考吗？"这个问题主要是一个事实型问题，但在回答这个问题之前，我们必须先回答"我们说的'思考'是什么意思？"这个概念型问题。有时，我们在回答某个问题前需要澄清这个问题，因为我们不能确切地肯定这个问题问的是什么。在上面这个例子中，"动物"指的只是非人类动物吗？然后我们就会问，这是在说"非人类动物都会思考，还是它们中的某些动物会思考"？

请你判断一下下面这些问题主要是事实型问题（F）、价值型问题（V）还是概念型问题（C）。如需要，请辨别出需要进一步解释说明的问题，以及上述三类问题中引起的需要我们解决的子问题。

1. 动物会思考吗？
2. 我们是不是永远都不应该说谎？
3. 什么是"真正的朋友"？
4. 宇宙是无穷无尽的吗？
5. 安乐死有时是合理的吗？
6. 苹果是活物吗？
7. 香蕉在黑暗中也是黄色的吗？
8. "历史就是小说"这句话是什么意思？
9. 现实世界和它看起来大不相同吗？

答案：1. F 2. V 3. C 4. F 5. V 6. F 7. F
　　　8. C 9. F

演绎推理

维持真理的渴望推动着我们进行演绎推理。如果我们从某个我们确定为真的陈述或命题出发,那么演绎推理就可以保证我们得出的结论也是为真的。

只要我们严格按照演绎法的步骤进行推理,就能得出可靠的推理结论。演绎法和探究方法大不相同。探究不能假设我们已知某种知识,从而推论出其他知识。相反,它运用正确的观点或假设,以确保我们的探究结论更加站得住脚。即便如此,演绎推理仍然是探究工具箱中一种宝贵的工具。比如,我们可以使用演绎推理来推翻某个假设,因为它与证据不符,也可以用它来证明,在我们观察到的条件下,某事符合我们的假设。

自亚里士多德以来,演绎推理一直是"形式逻辑"(formal logic)学科的支柱,现代演绎系统在 19 世纪晚期才开始发展。亚里士多德式逻辑或三段论逻辑处理的是直言陈述之间的关系,例如,"所有兔子都是毛茸茸的生物"和"没有毛茸茸的生物是会飞的东西"。(这是逻辑学家更为复杂的表达方式,更自然的表达是,"没有毛茸茸的生物会飞"。很快,我们就会发现,这样复杂的表达也有它的用处。)现代逻辑始于"非"(not)、"并且"(and)、"或者"(or)等逻辑联结词以及"如果……那么……"(if ... then ...)和"当且仅当"(if and only if)等条件句形式,以此来确定陈述的真假。例如,如果我们用"并且"来联结两个陈述,我们就会得到一个合取式(conjunction);如果一个合取式中的两个合取支(conjunct)都为真,则整个合取式为真,反之则为假。从这样简单的小开端,就可以建立起非常强大的演绎系统。

你们大可放心,我并不准备系统地介绍古代或现代的形式逻辑,因为在涉及范围广泛的课堂探究中,就算是基本的形式逻辑,也不值得我们大费周章地去深入掌握。然而,学生从中学开始就学习形式演绎逻辑的一些基本概念,以及培养进行基本演绎推理的逻辑推理能力,是非常重要的。例如,需要了解的是,这种推理的有效性取决于它的形式,而不是它的内容。对学生来说,能够区分有效推理和错误推理的最基本形式是十分重要的。

我们可以通过关注讨论中几种常见的推理形式,设置练习使学生熟悉这些形式,以此培养学生基本的演绎推理能力。我个人倾向于选择条件推理——最基础、最容易识别的推理形式。

然而，首先，我想向大家解释为什么演绎论证的有效性取决于它的形式，而不是它的内容。让我们回到前面那两个直言陈述：

所有兔子都是毛茸茸的生物。
没有毛茸茸的生物是会飞的东西。

目前，我们不用关心这些陈述是否为真，只需要注意从每个陈述能得出什么样的结论。如果这些陈述是或曾经是为真的，那么有没有其他的陈述也必然是为真的呢？如果这样思考，那么我们就能得到一个直观明显的结论：没有兔子是会飞的东西。

从上述两个"前提"中推导出的这个结论，可以很直观地告诉我们，演绎推理的结论根本不依赖这些陈述的事实型内容——兔子、毛茸茸的生物和会飞的东西，它们可能是关于行星、球或金字塔等任何东西的。为了看到这一点，我们只需要用字母来系统地替换掉相关的词语。

所以，我们用 A 来替换"兔子"，用 B 来替换"毛茸茸的生物"，用 C 来替换"会飞的东西"。这次，我们也会把结论写在另外两个陈述的下面，并用一条线隔开——表示"所以"——来表示此结论是从上面两个陈述推导出来的。我们可以把这种推理模式叫作"论证的形式"。

所有 A 都是 B。
没有 B 是 C。
没有 A 是 C。

关于这一点,我之前可能用维恩图(Venn diagram)或其他方法表示过,但是我可以肯定,几乎每个人一看到画线下的结论,须臾之间便能肯定它紧跟着另两个前提,和初始论点是一致的。然而,字母的选择是随意的,虽然我们系统地将其进行了替换。既然可以随意选择东西进行替换,那么我们现在就可以用新的词语依次替换字母了。用"鲸鱼""太妃糖苹果"[1]和"钻石"来依次代替 A,B,C,我们可以得出以下论证:

所有鲸鱼都是太妃糖苹果。
没有太妃糖苹果是钻石。
没有鲸鱼是钻石。

---

[1] 太妃糖苹果(toffee-apples),英国万圣节时的一种传统食品,用苹果裹上一层太妃糖浆制成。——译者注

同样，我们可以很直观简单地看到这个结论是从两个前提推出的。用任何普通名词来系统地替换掉字母 A，B 和 C 都会产生相同的结果，所以，论证的前提和结论之间的联系，并不取决于陈述的内容，而是取决于论证本身的形式。

我来解释一下我所说的"结论从前提推出（follow）"是什么意思。在演绎推理中，如果我们说"结论从前提推出"，也就是说，前提为真时，结论不可能为假，这也解释了我为什么将"有效的"这个词用在演绎推理中。有效的论证能够保证：当且仅当所有前提为真时，结论不可能为假。最后，我们可以总结出：论证因其形式而有效。

在介绍完论证的形式和有效性的概念后，我们回到条件推理这个主题。和我们一样，孩子们也总是使用条件句，通常是以"如果……那么……"的句式来表达：

> "如果我放学后被留校，那么我妈妈肯定会大发雷霆。"
>
> "嗯，如果我是你，那么我会向麦克唐纳夫人道歉。否则，她肯定会让你留校。"

这种条件句形式有很多变体，包括：

- 含蓄措辞["如果她想让我留校,(那么)我就会离开。"]
- 隐含条件("那么你就会有更多的麻烦。")
- 替换"如果"或"那么"的逻辑等值表达(logically equivalent expression)["每次(whenever)我惹来麻烦,我妈妈就会大发雷霆。"]
- 颠倒从句顺序(我妈妈会大发雷霆,如果我惹来麻烦。)

在其所有的变体中,条件句都是由一个前件(antecedent)或"如果"从句和一个后件(consequent)或"那么"从句组成。很多关系可以用这种方式来表达——包括概念和逻辑关系、因果关系、相互关系、时间序列关系和数学关系——条件式表达在人类行为中十分常见,比如,预测、许诺、警告和讨价还价等都属于条件式表达。

条件句表示思维活动从一个条件到另一个条件,即一个条件取决于另一个条件,因此,这是推理的基本形式。不仅如此,条件句也适用于演绎推理,因为在演绎推理中,我们说,如果前提为真(或曾经为真),那么结论也肯定(或必须)为真,所以,条件句是向学生介绍演绎推理论证形式的一种非常好用的工具。

有效的演绎论证有两种基本形式,它们都以条件句开始。一种是肯定前件式,另一种是否定后件式。这些形式是非常古老的,一般用它们传统的拉丁名称表达,我不妨给大家介绍一下。

肯定前件式(*modus ponens*)　　**否定后件式**(*modus tollens*)

如果 P,那么 Q　　　　　　　如果 P,那么 Q

P　　　　　　　　　　　　　　非 Q

Q　　　　　　　　　　　　　　非 P

肯定前件式

肯定前件式是一种简单的推理形式,可用于预测和解释。对于预测,我们这样论证:

1. 假设给定某个条件,那么就能得到某个结果。
2. 给出了(观察到的或通过其他途径得到的)某个条件,得到了某个结果。

举个例子来说明一下:

> 如果豌豆不在这个杯子下面,那么它一定在那个杯子下面。
> 豌豆不在这个杯子下面。
> 豌豆在那个杯子下面。

在使用肯定前件式进行解释时,我们根据已知的(观察到的或通过其他途径得到的)情况,以及一个解释性假设,推断出我们要解释的情况。比如:

> 如果你吃了还没熟的香蕉,那么你就会胃痛。
> 你吃了还没熟的香蕉。
> 你胃痛。

当然,我们通常不会用这种方式来说清楚事情。如果一个男孩吃了还没熟的香蕉,然后他胃痛了,对于这种情况,我们会通过简单地说"他胃痛都是因为吃了还没熟的香蕉"来解释。然而,通过明确潜在的条件,我们也注意到解释所依赖的那个概括。

这个概括是很重要的,因为对于人们用来解释日常生活中一些观点所依赖的概括,也如在科学中一样,需要我们仔细做出检查。特别是解释依赖一些具有争议的态度和价值观时,尤其如此。我们可以从诉诸种族主义和其他偏见的解释中举出很多这样的例子。例如,有个孩子说,有些新来的移民做了一些"愚蠢"的事情,因为他们是移民。这个孩子很可能是基于一个偏见性假设,即移民在本质上是愚蠢的。(顺便说一下,"所有移民都是愚蠢的"这一概括在逻辑上等值于"如果有人是移民,那么他们就是愚蠢的"。)

否定后件式

让我们一起来看看否定后件式推理的一些例子。

我们都知道青蛙和王子的故事,被诅咒变成青蛙的王子只有在得到年轻漂亮的公主的吻后,才能变回原来的样子。我们可以想象一下王子和公主之间的对话:

> 公主:你不是一个年轻英俊的王子,你只是一只浑身黏糊糊的老青蛙。
> 王子:但我告诉你,我确实是一个王子。
> 公主:如果你是一个王子,那么我就是一只烤鸭。

公主是在断言青蛙显然不是王子,这是一种隐式的否定后

件式推理。公主是这样推理的:

> 如果你是一个王子,那么我就是一只烤鸭。
> <u>但很显然,我不是一只烤鸭。</u>
> 你不是一个王子。

即使是年幼的孩子也能跟着公主的这个推理思路走,因此,他们也能理解什么是否定后件式推理。事实上,他们很有可能十分熟悉公主的论证方式。我父亲曾对我说,"如果那是真的,那么我就是猴子的亲戚了。"很显然,他是希望我能说出隐含的结论,从而跟着他的推理走。

第二个例子,我们可以来看看科学领域的假设检验(hypothesis-testing)。我们通过以下论证来检验关于实验的假设:如果假设为真,那么我们得到某些可观察的结果;如果我们没有得到那些结果,那么就会对该假设产生怀疑。下面这个例子来自一些小学生。他们在检验一个假设,即通过观察影子长度的变化,可以推断出现在是不是下午:

> 如果现在是下午,那么影子会变长。
> <u>影子没有变长,而是变短了。</u>
> 现在不是下午。

相关谬误

有效推理的两种形式也有其相应的无效形式。说它们是无效的，也就是说，如果前提为真，并不能确保结论也为真。这些所谓的谬误有以下两种形式：

否定前件式谬误　　　　**肯定后件式谬误**

如果 P，那么 Q　　　　如果 P，那么 Q

非 P　　　　　　　　　　　Q

非 Q　　　　　　　　　　　P

否定前件式谬误的问题在于，除了前件所描述的条件外，其他条件对于得出后件也是充分的。因此，假设有以下论证：

如果你的房子是用树枝盖的，那么狼就能破门而入。

你的房子不是用树枝盖的。

狼不能破门而入。

显然，我们不能得出这个结论，因为前提为真而结论为假是可能的，比如，故事里用稻草盖的房子。谬误推理造成的后果十分严重。

同样，肯定后件式谬误的问题也是如此，除了前件陈述的条件外，其他条件对于确保后件的发生也是充分的，比如：

如果磨坊主的女儿能把稻草纺成金线，那么第二天早上就能看到金线。
<u>第二天早上看到了金线。</u>
磨坊主的女儿能把稻草纺成金线。

很显然，这个论证是无效的，因为当它的前提为真时结论可能为假——结果是侏儒怪（Rumplestiltskin）而不是磨坊主的女儿能把稻草纺成金线。当我们没有考虑到除已知条件之外的其他可能性时，我们就会陷入肯定后件式谬误。这样做的危险就在于，我们会认为我们所知道的或观察到的事情与我们的理论相符，而实际上这些事实证实的是一个完全不同的解释。陷于这样的谬误中，我们就会像磨坊主的女儿一样进退两难。

我之所以列出这些演绎推理的基本原理，是希望老师们可以考虑将它们介绍给自己的学生。像之前提到过的，当我们的讨论中出现了这种推理时，要让学生注意并给他们布置相关的练习，以此帮助他们学会有效推理，并避免陷入某些无效推理，否则，就会代价昂贵且后果严重。

在下面的练习中，请判断以下给定的论证是否有效。此类型的练习适合六七年级的学生，练习后附有答案，但在自己得出答案前请勿翻看。如果你能做对所有题目，那么我敢保证，你一定收获良多。如果让未经训练的老师来做这些练习，其结果跟我们预想的差不多。

以下论证哪些是有效的，哪些是无效的？

1. 如果今天出现晚霞，那么明天必是大晴天。
   今天出现了晚霞。
   明天必是大晴天。

2. 如果你一天吃一个苹果，那么疾病就会远离你。
   你没有一天吃一个苹果。
   疾病不会远离你。

3. 如果这对雌鹅是好的，那么这对雄鹅是好的。
   这对雄鹅是好的。
   这对雌鹅是好的。

4. 如果人们注定要飞翔，那么他们生来就会有翅膀。
   人们生来没有翅膀。
   人们注定不会飞翔。

> 答案：1. 有效的（肯定前件式）
>
> 2. 无效的（否定前件式）
>
> 3. 无效的（肯定后件式）
>
> 4. 有效的（否定后件式）

推 理 图

每当有人通过提供一系列理由或运用一系列推理来论证某个主张时，我们要清楚他们所提出的支撑其论证的形式。如果我们不清楚主张和支持该主张的理由之间的关系，那么我们就不能对其进行正确的评估。推理图是个容易操作的工具，可以用来检查人们的推理，以明确主张和支持该主张的理由之间的关系。因此，当我们在探究过程中进行推理时，它可以经常派上用场，我特别推荐中学高年级学生学习使用这种工具。

推理图的基本模式是一个箭头，由支持某一主张的理由指向该主张。推理图最简单的形式由一个箭头连接一个主张和支持该主张的理由。

```
        支持的理由
           ↓
       被支持的主张
```

如果论证总是这么简单，那么就没有必要画推理图了，当为了支持一个主张，需要提供两个以上的理由时，才需要画推理图。在这种情况下，我们需要弄清楚是每一个理由都能独立支持该主张，还是只有它们联合起来才能支持该主张。这对于我们评估论证是十分重要的，因为在一种情况下，虽然有的理由经不起检验，但仍然会有一些好的理由让我们接受某个主张；但在另一种情况下，整个论证可能会因为没有考虑到其中一个支持它的理由而失败。

让我们来看几个例子。为了简单起见，我着重举的是只给出了两个理由来支持某个论证的例子。

比如，假设有人论证说，如果寻求庇护者未经允许就进入一个国家，那么政府实施强制拘留政策是正确的。给出的理由可能是，如果他们申请难民身份失败，将他们驱逐出境会变得更加容易，而且这对其他想入境的人可以起到威慑作用。很显然，这两个原因是相互独立的，如果一个理由不成立，这个论证仍然可以由另一个理由支持。当然，整体论证的可信度会减弱,但这只是说,一个论证的可信度的总权重是所给出的每个理由的权重之和。在推理图中,每个独立的理由都用一个箭头指向其所支持的主张。

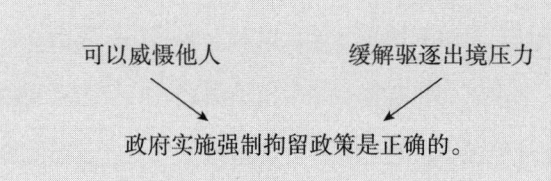

如图所示,一般情况下,我们不需要把课堂讨论中所给出的理由全部抄写下来,只要我们清楚陈述在说什么,三言两语就足够了。当然,陈述必须明确。在这个例子中,我们可能也想知道,"强制拘留政策"是指政府的一项具体政策,还是指一种一般概念,而且在说这种政策是"正确的"时,表达的意思可能并不清楚。

假设又有人论证说,政府实施强制拘留政策是错误的,因为它与国际人权公约不一致,而政府有义务维护这些公约。我们在此可能要进行一些说明。比如,说话人在这里指的到底是什么国际人权公约?这些公约暗指的是法律责任还是道德责任?但是,撇开这些说明不谈,重要的是要注意,"而"不是为了肯定所说的公约,而是作为连词使用,连接两个句子。也就是说，这句话的意思其实是，政府实施强制拘留政策与某些国际人权公约是不一致的，并且政府有义务维护这些公约。然而，有关政府职责的说明并不是反对强制拘留政策的一个独立理由，而是旨在让政府不应忽视其与国际人权公约的不一致之处。

为了区分此种论证形式与上面的论证形式，我们可以用加号（+）、横线和一个箭头来指示支持某个主张的各个理由之间的相互依存关系。我们把这些原因称为"非独立"原因，以区别于我们说的第一个例子中的"独立"原因。

与国际人权公约不一致　+　政府有义务维护这些公约
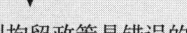
政府实施强制拘留政策是错误的。

很明显，可能还有许多其他的模式，包括使用相同的理由来支持不同的主张，使用某些已经有理由支持的主张来支持其他的主张等，接下来我们来看看关于后者的例子。

假设有人质疑支持实施强制拘留政策的人，说不确定这种政策实际上是否具有有效的威慑效果。那个人可能接下来就会说，采取这种政策的国家，未经允许就入境的人数已经下降，而其他国家的入境人数依然不减。现在我们不去关心这些主张的真实性，也不关心它们是如何被证实的，我们只需要关注一下这个论证的结构。需要弄清楚两点：第一，对于其中一个理由的支持已经给出，也就是说，我们有来自一个既存理由的支持。第二，进一步的支持由两个主张构成，它们相互依赖，为接受该政策起到威慑作用提供了理由。因此，整个论证结构可以表述如下：

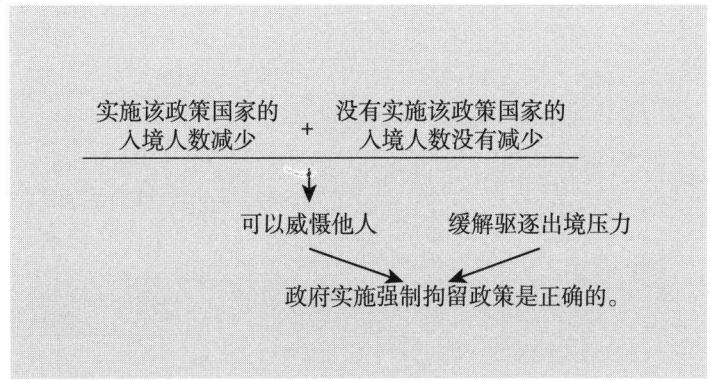

当参与讨论的人都很清楚支持的主张和被支持的主张之间的关系，并且经常以这种方式列出它们之间的关系会非常费力时，那就没有必要画推理图了。但是，推理图仍然是一种十分有价值的工具，可以帮助人们明确他们提出的论证，也有助于对所提出的实际论证进行头脑清晰的批判性讨论。

假　　设

在进行探究时，我们从两方面来研究我们提出的假设。

一方面，我们关注那些看起来是错误的或值得怀疑的假设。这是一个剖析那些我们认为理所当然的事情，然后检验我们的怀疑是否合理的过程。

另一方面，为了进行论证，我们有时也会尝试性地做出一个假设，这就将假设当成了一种工具。我们故意做出一个假设，以便观察接下来会发生什么，这通常是因为我们试图在对立的假设或假想之间找到自己的答案。如果我们这样假设，那么就会出现某个结果；然而，如果我们那样假设，那么事情就会有所不同。或者当思考某些特定的事情时，我们可能会做一个额外的假设，然后再检查这是否会对事情的结果产生显著的影响。

发现假设

当我们要揭示的假设不是探究的工具时，我们可以使用已有的工具来帮助发现它们。尤其是,我们可以使用推理图来揭示某人论证一个结论时所假设的内容,而这个结论似乎并不是自动地就能从他的前提中得到的。由于这在日常推理中十分常见,因此这个方法很有可能被广泛应用。让我们通过一个例子来看看是如何做到这一点的。

假设有人论证说民主制政府是最好的政府形式,因为它能实现自由最大化。我们可以用推理图表示如下。

民主制政府能实现自由最大化。
↓
民主制政府是最好的政府形式。

很多问题出现了,比如:何谓自由?我们用什么方法能对自由做出相对评价呢?在政府的所有形式中,民主制真的比其他任何形式都更能实现自由吗?提出这个论点的人是指所有可能的政府形式,还是仅仅指现有的政府形式?很显然,为了评价这个论证,我们还有很多工作要做。

然而,除了这些方面,我们也能感觉到这个结论并不是从说话者的前提推出的,不像有效演绎推理论证那般,结论紧跟着前提,也就是说,在理由和理由支持的主张之间有一个"缺口",这也意味着做出了某些假设,这看似最可信的假设就是能填补那个"缺口"的最好的东西。

当然,我们所寻找的不仅仅是任何可以填补那个"缺口"的方法。例如,有人可能会提出另外的独立的前提,但那可能会引发更进一步的讨论。如果我们想知道假设的内容是什么,那么我们就要坚持讨论那个论证。事实上,我们需要寻找一些非独立的理由,这些可能早就暗中假定好了。也就是说,我们要寻找下面推理图中替换问号的理由:

民主制政府能实现自由最大化。 + ?
―――――――――――――――――
民主制政府是最好的政府形式。

有很多方法可以填补这个"缺口"。比如,我们可以通过将其转换成肯定前件式推理,来使其变为有效演绎推理。这涉及增加一个条件,让我们能够有效地推导出结论。

民主制政府能实现自由最大化。 + 如果一种政府形式能实现自由最大化，那么它就是最好的政府形式。
↓
民主制政府是最好的政府形式。

这种方法提供的信息并不充足。实际上，它所告诉我们的只是，最初的论点是基于这样一个假设之上：最好的政府形式是能实现自由最大化的政府形式。但是，我们不必画一个推理图来得到这个答案，我们早就知道了。

为了更深入地了解所假设的内容，我们需要用更多的信息来填补原始论点中的空白。例如，考虑一些其他的建议来填补这个"缺口"：

说到好的政府，没有什么比自由更重要的了。

自由应该比政府所能提供的所有其他东西都更有价值。

这些陈述同样很好地填补了前提和结论之间最初存在的那个"缺口"。当添加到推理图中时，上面的任何一个陈述都可以让我们推导出这个结论。它们都比我们初次试图填补那个

"缺口"的陈述提供了更多的信息，因为它们告诉我们，为什么最好的政府形式是实现自由最大化的政府形式。它们解释了为什么民主制政府能实现自由最大化就可能意味着它是最好的政府形式。一个陈述说，这是因为，当谈到一个好的政府时，自由是最重要的衡量标准。另一个陈述说，因为自由是政府能提供的最有价值的东西，所以民主制政府是最好的政府形式。这些都是实质性的主张，它们显然并不等值。但如果论证依赖一个陈述而不是另一个，那么就会有所不同。

最后，我们需要承认，有些解释比其他解释更可信。加上"除了自由以外没有任何东西是有价值的"这个主张，我们会让整个论证基于一个明显错误的假设。如果这就是那个提出论证的人的想法，那么这个论证就不值得进一步思考了。我们的第二个建议在这方面效果要好得多。自由是否应该比政府能提供的所有其他东西都更有价值，这当然值得商榷，但这并不是一个完全不合理的建议。经过进一步的研究，它甚至可能变成一个能为人所接受的建议。因此，合理性是判定既定假设的第三个标准。

我们现在可以来总结一下，当我们试图揭示论证中的隐含前提时，需要考虑什么。如果我们要坚持最初的论点并充分利用它，我们需要寻找一个可以填补推理图中前提和结论之间"缺口"的主张，那就是：

- 一个独立的前提
- 是解释性的或信息性的
- 是最合理的可能性

做出假设与检验假设

让我们再把假设当作一种工具来看看。在探究中，为了检验某个想法而尝试性地假设某事就相当于提出了一个假设。这相当于提出关于一个假设的建议。我们暂时接受这种假设，以便检验它是否能说明或解决一个问题或困难。有鉴于此，对于做出假设来说，如果不适用于一般性假设，则没有什么特别需要说明的。假设是一种研究工具，它的价值就在于它能帮助我们进行预测和解释。

在检验一个假设时，我们要查看它的蕴涵意义。我们想知道其中的蕴涵意义，以及这些蕴涵意义在某种程度上是否能为人所接受。也就是说，检验一个假设需要进行假设性推理：如果这个假设是正确的，那么事情应该是这样的。从逻辑的角度来看，否定一个假设涉及否定后件式推理：如果这个假设是正确的，那么事情就应该是这样的。但是，事情不是这样的。所以这个假设是不正确的。

当一个假设被证明是正确的时，事情就变得有点复杂了。一个假设可能会直接被证明是正确的，或者只有在它符合我们目前所掌握的证据，而且我们没有其他理由反驳的情况下，它才可能被证明是正确的。"我们假设天会下雨，结果果然天下雨了。"这样，我们的假设就被证明是正确的，论证就这样结束了。"财政部长先生，我们有理由认为经济会好转吗？""是的，一切迹象都摆在那儿呢。"这里的假设只有在这些迹象在过去是具有预测性的，并且财政部长关于迹象的所言为真的情况下，才是正确的。即使在这个语境中被证明是正确的，我们的假设也不一定就是正确的。认为它一定是正确的，就陷入了肯定后件式谬误："如果经济要好转，那么肯定会出现这样那样的迹象。所有这样那样的迹象都出现了。所以经济要好转了。"正如我们所见，这个论证并不是有效的演绎论证。有可能前提为真，但结论为假。

分 歧 图

严格地说，分歧就是意见的不同。它经常包含某一方认同而另一方反对的命题。如果一个学生或一组学生倾向于支持一个既定的观点,而另一个学生或一组学生倾向于支持另一个相反的观点,那么就只有一个潜在的分歧;如果学生只是在探讨某个主张的利与弊,那么我们甚至没有这些分歧。但是,下面介绍的用于探究分歧的技巧也可以在这些语境中使用,只要存在一个有人可能支持或反对的主张,以及存在给出的支持这两种立场的理由。

这个工具是前面所介绍的推理图的变体。正如推理图是基于主张和理由之间的关系,分歧图的基础是基于支持和反对某个主张的理由。我们之前用箭头来表示理由和主张之间的支持关系,在这里,我们可以进一步使用"弓箭"来表示理由和主张之间的反对关系。因此,最简单的分歧图就是由指向一个有争议主张的箭头和弓箭组成的。

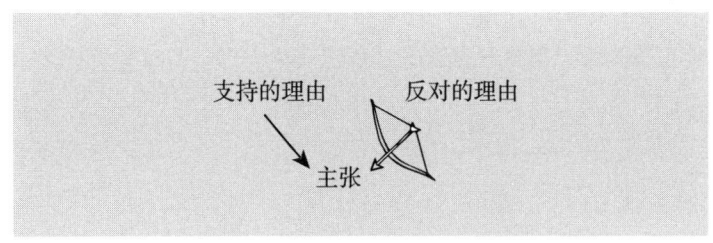

然而,当人们表达不同的意见时,他们往往不仅在某个主张上产生争论,也会因各自支持的互不相容的主张而产生争论。例如,我认为我们应该出去过周末,而你认为我们应该待

在家里。既然我们周末不能既待在家里又出去，我们就是在为自己支持的互不相容的主张进行争论，这两个主张互相排斥。我们可以这样来表示此种情况：

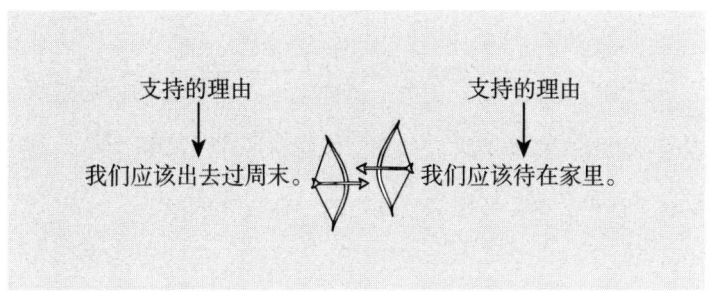

在这种情况下，我们需要确定，我们之间确实存在分歧。如果我在争论的是我们应该去爬山，而你在争论的是我们应该去海滩，那么可能我们实际上提出的建议并不是互不相容的，因为在某些情况下，我们是可以同时去爬山和去海滩的。所以，我们一开始并没有产生真正的分歧，只是对我们建议的蕴涵意义感到困惑。因此，在开始绘制分歧图之前，一定要检查一下分歧是否真的符合上述模式中的一种。

开始构建分歧图有两个基本步骤。

指出存在分歧的一个或多个不相容主张

如果分歧是关于一个主张的，那么它就会变成支持者论证的结论，其否定就会变成反对者论证的结论。在关于如何使用推理图来揭示假设的例子中，我们是从以下这个主张开始的：

> 民主制政府是最好的政府形式。

如果分歧是关于多个互不相容主张的，那么论证都将以各自支持的主张作为结论。回到我们介绍推理图的那个例子，根据这个例子，我们开始构建分歧图：

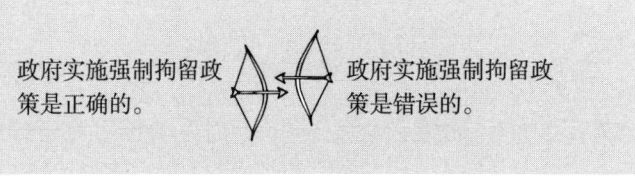

这似乎很自然地就把分歧表达出来了，因为它们两个分别支持两个互不相容的主张，而不是直接对某个单一主张的可接受性产生争论。

使用推理图建立起分别支持双方论点的论证

也就是说，分歧图是相关推理图的综合。在之前提到的关于实施强制拘留政策的分歧中，根据第一回合的讨论，我们可以构建出以下分歧图：

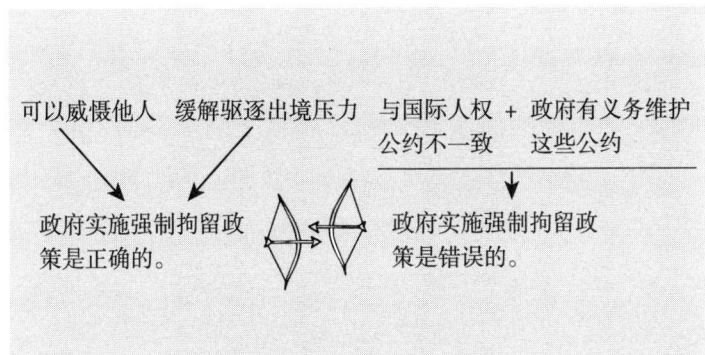

实际的分歧图往往比我在这里简单描述的更加复杂。双方不同意对方的主张,也反对支持其主张的一个或多个理由的相关性、力度、真实性或可接受度,这已是司空见惯的。虽然这让分歧图变得更加复杂,但除了引入更深一层的论证,并没有引入其他任何内容,对于这更深一层的论证,我们可以使用指向争议额外来源的弓箭表示。

比如,在上面那个例子中,如果有人说这种政策实际上是与国际人权公约不一致的,那么他们收集的那些理由或者证据就会变成反驳论证(counterargument),那么它的弓箭就是指向"与国际人权公约不一致"这个前提。

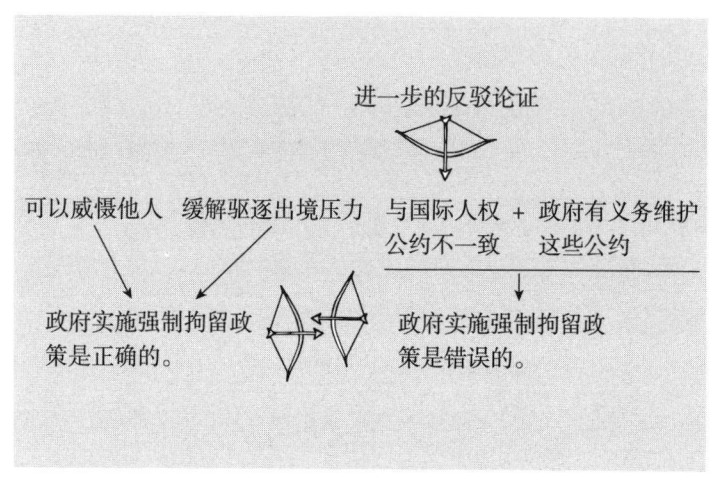

最后,在构建分歧图时,学生可能不太赞同,会担心是否真能从现有的理由推导出各种结论。除非它是一个纯粹的谬误推理(见"演绎推理"),否则这样的分歧就是关于支持某个主张的理由是不是基于一个或多个毫无根据的假设的。如果是这样,那么我们首先要做的就是发现那些假设(见"假设"),并把这些假设添加到分歧图中,然后我们就能看到它们通过进一步的反驳论证能否被驳倒。

虽然这样的分歧图可能会变得相当复杂,但它们不会比实际提出的论证更复杂,而且它们能切实帮助学生在探索他们的分歧时更仔细、更系统地进行推理。

参考文献

进一步阅读书目

Baron, Joan Boykoff & Sternberg, Robert J (eds) 1987, *Teaching Thinking Skills: Theory and Practice*, WH Freeman and Company, New York.

Bennett, Deborah J 2004, *Logic Made Easy*, WW Norton & Company, New York.

Cam, Philip 1995, *Thinking Together: Philosophical Inquiry for the Classroom*, Hale & Iremonger/PETA, Sydney.

Dewey, John 1966, *Democracy and Education*, The Free Press, New York.

Dewey, John 1997, *How We Think*, Minolta, Dover Publications Inc, New York.

Fisher, Robert 1993, *Teaching Children to Think*, Simon and Schuster Education, Hemel Hempstead.

Haynes, Joanna 2002, *Children as Philosophers*, Routledge Falmer, London.

Kelley, David 1988, *The Art of Reasoning*, Norton and Company, New York.

Lipman, Matthew 1988a, *Philosophy Goes to School*, Temple University Press, Philadelphia.

Lipman, Matthew 2003, *Thinking in Education*, 2nd edition, Cambridge University Press, New York.

Lipman, Matthew, Sharp, Ann M & Oscanyan, Frederick S 1980, *Philosophy in the Classroom*, Temple University Press, Philadelphia.

Matthews, Gareth B 1980, *Philosophy and the Young Child*, Harvard University Press, Cambridge, Mass.

Matthews, Gareth B 1984, *Dialogues with Children*, Harvard University Press, Cambridge, Mass.

Paul, Richard 1994, *Critical Thinking*, Hawker Brownlow Education, Highett, Victoria.

Pritchard, Michael S 1985, *Philosophical Adventures with Children*, University Press of America, Lanham, MD.

Splitter, Laurance J & Sharp, Ann M 1995, *Teaching for Better Thinking: The Classroom Community of Inquiry*, Australian Council for Educational Research, Camberwell, Victoria.

Thouless, Robert H 1974, *Straight and Crooked Thinking*, Pan Books, London.

Vygotsky, Lev 1978, *Mind in Society: The Development of Higher Psychological Processes*, Harvard University Press, Boston.

Vygotsky, Lev 1986, *Thought and Language*, Revised edition, MIT Press, Boston.

Wilks, Sue 1995, *Critical and Creative Thinking: Strategies for Classroom Inquiry*, Eleanor Curtain, Armadale, Victoria.

Wilson, John 1971, *Thinking with Concepts*, Cambridge University Press.

教学参考书目

Cam, Philip 1993a, *Thinking Stories 1: Philosophical Inquiry for Children*, Hale & Iremonger, Sydney.

Cam, Philip 1993b, *Thinking Stories 1: Teacher Resource/Activity*

Book, Hale & Iremonger, Sydney.

Cam, Philip 1994a, *Thinking Stories 2: Philosophical Inquiry for Children*, Hale & Iremonger, Sydney.

Cam, Philip 1994b, *Thinking Stories 2: Teacher Resource/Activity Book*, Hale & Iremonger, Sydney.

Cam, Philip 1997a, T*hinking Stories 3: Philosophical Inquiry for Children*, Hale & Iremonger, Sydney.

Cam, Philip 1997b, *Thinking Stories 3: Teacher Resource/Activity Book*, Hale & Iremonger, Sydney.

Cam, Philip 1998, *Twister, Quibbler, Puzzler, Cheat*, Hale & Iremonger, Sydney.

de Hann, Chris, MacColl, San & McCutcheon, Lucy 1995, *Philosophy with Kids*, Longman, South Melbourne, Victoria.

Golding, Clinton 2002, *Connecting Concepts*, Australian Council for Educational Research, Camberwell, Victoria.

Lipman, Matthew 1981, *Pixie*, Institute for the Advancement of Philosophy for Children, Montclair State College, Upper Montclair, NJ.

Lipman, Matthew 1983, *Lisa*, University Press of America, Lanham, MD.

Lipman, Matthew 1986, *Kio & Gus*, Revised edition, Institute for the Advancement of Philosophy for Children, Montclair State College, Upper Montclair, NJ.

Lipman, Matthew 1988b, *Elfie*, Institute for the Advancement of Philosophy for Children, Montclair State College, Upper Montclair, NJ.

Lipman, Matthew 1992, *Harry Stottlemeier's Discovery*, Australian adaptation prepared by Laurance Splitter, Australian Council for Educational Research, Camberwell, Victoria.

Lipman, Matthew & Gazzard, Ann 1988, *Getting Our Thoughts Together: an instructional manual to accompany* Elfie, Institute for the Advancement of Philosophy for Children, Montclair State College, Upper Montclair, NJ.

Lipman, Matthew & Sharp, Ann Margaret 1983, *Ethical Inquiry: an instructional manual to accompany* Lisa, University Press of America, Lanham, MD.

Lipman, Matthew & Sharp, Ann Margaret 1984, *Looking for Meaning: an instructional manual to accompany* Pixie, University Press of America, Lanham, MD.

Lipman, Matthew & Sharp, Ann Margaret 1986, *Wondering at*

the World: an instructional manual to accompany Kio & Gus, University Press of America, Lanham, MD.

Lipman, Matthew, Sharp, Ann Margaret & Oscanyan, Frederick S 1984, *Philosophical Inquiry: an instructional manual to accompany* Harry Stottlemeier's Discovery, 2nd edition, University Press of America, Lanham, MD.

Murris, Karen & Haynes, Joanna 2000, *Storywise*, www.dialogueworks.co.uk

Sharp, Ann M 2000, *Geraldo*, Australian Council for Educational Research, Camberwell, Victoria.

Sharp, Ann M & Splitter, Laurance 2000, *The Doll Hospital*, Australian Council for Educational Research, Camberwell, Victoria.

Sharp, Ann M & Splitter, Laurance 2000, *Making Sense of My World: a teacher's companion to* The Doll Hospital, Australian Council for Educational Research, Camberwell, Victoria.

Sharp, Ann M & Splitter, Laurance 2000, *Discovering Our Voice: a teacher's companion to* Geraldo, Australian Council for Educational Research, Camberwell, Victoria.

Sprod, Tim 1993, *Books into Ideas*, Hawker Brownlow Education.

Sutcliffe, Roger, *Newswise*. www.dialogueworks.co.uk/newswise